车工技能与训练

江长爱 雷桂珍⊙主编

清华大学出版社
北京

内 容 简 介

车削加工就是在车床上,利用工件的旋转运动和车刀的直线运动(或曲线运动)来改变毛坯的尺寸、形状,使之成为合格工件的一种金属切削方法。本书采用项目教学法,主要针对车外圆、车端面、切断、车外沟槽、钻中心孔、钻孔、扩孔、锪孔、镗孔、铰孔、车圆锥面、车成形面、滚花、车螺纹和盘绕弹簧等车削的基本技能进行介绍,借助经典案例,使学生在掌握操作技能的同时,了解企业实际生产中的经验。来自教学一线的项目设计和案例设计不仅保证了学生实训技能的掌握、实训材料的合理运用,更是实现了实践与实训教学的高效、低成本运行。

本书适用于中等职业学校车工专业的实训教学,也可作为各类职业院校机电、数控等相关专业的教材,还可作为个人的自学参考书。

图书在版编目(CIP)数据

车工技能与训练/江长爱,雷桂珍主编. --北京:清华大学出版社,2013
ISBN 978-7-302-33636-5

Ⅰ. ①车… Ⅱ. ①江… ②雷… Ⅲ. ①车削一教材 Ⅳ. ①TG510.6

中国版本图书馆 CIP 数据核字(2013)第 197809 号

责任编辑:田在儒
封面设计:王丽萍
责任校对:袁 芳
责任印制:刘海龙

出版发行:清华大学出版社
　　　网　　　址:http://www.tup.com.cn,http://www.wqbook.com
　　　地　　　址:北京清华大学学研大厦 A 座　　　　邮　　编:100084
　　　社 总 机:010-62770175　　　　　　　　　　　　邮　　购:010-62786544
　　　投稿与读者服务:010-62776969,c-service@tup.tsinghua.edu.cn
　　　质 量 反 馈:010-62772015,zhiliang@tup.tsinghua.edu.cn
　　　课 件 下 载:http://www.tup.com.cn,010-62795764

印 刷 者:北京富博印刷有限公司
装 订 者:北京市密云县京文制本装订厂
经　　销:全国新华书店
开　　本:185mm×260mm　　　印　张:11.75　　　字　数:266 千字
版　　次:2013 年 9 月第 1 版　　　　　　　　　印　次:2013 年 9 月第 1 次印刷
印　　数:1~5000
定　　价:24.00 元

产品编号:055872-01

FOREWORD

按照国家改革发展示范学校的要求：构建校本化的课程体系，尽快形成课程完整的教材系列；在合理选用教育部与市教委推荐的优秀中职教材的基础上，根据现在中等职业教育学校的学生现状和培养目标，开发适用的教材，丰富教学内容、增强教学手段、满足教学需要，不断提高职业学校车工专业的教学质量。

我校机电专业教师在多年的教育教学中积累了丰富的教学经验，并通过借鉴各位同仁的经验，组织编写了适用于中等专业学校学生和自学者使用的《车工技能与训练》教材。教材在编写过程中体现了理论和技能训练的结合，本着突出技能训练，理论知识够用的原则，增强了教材的适用性。

本书在结构体系的安排上，增强了教材的合理顺序性，使教材的使用更加方便、简捷、灵活；在专业知识内容上，加强了技能方面的训练，并强调由浅入深、师生互动和学生自主学习。本书以学生的实际加工训练为主，力求增强学生的动手能力。教师在教学活动中采用讲授、示范、巡回指导、课堂评价、技能测试等方法来提高学生的学习积极性，突出学生的主体性，达到提高教学效果的目的。本书力求以最少的篇幅、精练的语言，由浅入深地讲述初、中级车工应掌握的实际操作技能，使学生易学、易懂、易会。本书所涉及的内容有：车床的基本操作，车削常用工、量具，工、量具的识读与使用，轴类工件的车削，套类工件的车削，圆锥工件的车削，三角螺纹的车削，梯形螺纹的车削和偏心件的简单加工及近年来中、高级技能比赛及考证图纸等。

本书由江长爱、雷桂珍担任主编，苗德霖、王宝福、刘金柱担任副主编，另外参与编写的人员有张强、刘静、侯其芳等。

本书的编写得到了以下公司领导的大力支持与指导：中国重汽集团卡车(香港)股份有限公司孟庆铎；中电装备山东电子公司殷丽华；柯尼卡·美能达光学仪器(上海)有限公司胡成栋、陈士伏；柯尼卡·美能商务科技(无锡)有限公司田勤；三星电子数码打印机(山东)有限公司吕元哲、苏炜；齐鲁天和惠世制药有限公司王超；海湾电子(山东)有限公司田大勇；山东星科智能科技有限公司张宪科；浙江天煌教义有限公司熊成。在此表示衷心感谢。

由于编者水平有限，书中不足之处在所难免，恳请广大读者批评指正，以利于本书的修改、补充和完善。

编 者

2013 年 6 月

CONTENTS

目 录

绪论 ……………………………………………………………………………… 1

项目一 车床的基本操作 …………………………………………………… 3
　　任务一 安全文明生产 ……………………………………………… 3
　　任务二 车床的基本操作 …………………………………………… 6
　　任务三 三爪自定心卡盘卡爪的拆装 …………………………… 12
　　任务四 车床的润滑与保养 ……………………………………… 17

项目二 车削常用工、量具 ………………………………………………… 20
　　任务一 车刀简介 …………………………………………………… 20
　　任务二 车刀的刃磨 ……………………………………………… 24
　　任务三 车刀的安装 ……………………………………………… 26
　　任务四 游标卡尺、外径千分尺的识读与使用 ………………… 28

项目三 轴类工件的加工 ………………………………………………… 33
　　任务一 车端面和外圆 …………………………………………… 33
　　任务二 切削用量及选择 ………………………………………… 37
　　任务三 图纸分析 ………………………………………………… 40
　　任务四 车阶台和倒角 …………………………………………… 47
　　任务五 车床卡盘扳手的制作 …………………………………… 50
　　任务六 切断刀的刃磨 …………………………………………… 51
　　任务七 切断和车矩形槽 ………………………………………… 54
　　任务八 轴类零件综合加工及质量检测 ………………………… 57

项目四 车套类工件 ……………………………………………………… 61
　　任务一 麻花钻的刃磨及钻孔 …………………………………… 61
　　任务二 内孔车刀的刃磨及安装 ………………………………… 65
　　任务三 内测千分尺及内径百分表的识读与使用 ……………… 67
　　任务四 车内孔 …………………………………………………… 69
　　任务五 圆柱配合件的加工 ……………………………………… 72

项目五 车圆锥工件 ……………………………………………………… 75
　　任务一 圆锥组成部分及计算 …………………………………… 75

任务二　万能角度尺的识读与使用 ………………………………………………… 78

任务三　车削圆锥的方法 ………………………………………………………… 80

任务四　用转动小滑板法车削圆锥面 …………………………………………… 84

任务五　圆锥配合件的加工 ……………………………………………………… 88

项目六　车三角螺纹 ……………………………………………………………… 92

任务一　三角螺纹的型号及有关计算 …………………………………………… 92

任务二　三角螺纹车刀的刃磨及安装 …………………………………………… 95

任务三　车削三角外螺纹 ………………………………………………………… 98

任务四　车削三角内螺纹 ………………………………………………………… 104

任务五　三角螺纹配合件的加工 ………………………………………………… 108

任务六　综合件的车削 …………………………………………………………… 111

项目七　车梯形螺纹 …………………………………………………………… 115

任务一　梯形螺纹的型号及有关计算 …………………………………………… 115

任务二　梯形螺纹车刀的刃磨 …………………………………………………… 117

任务三　车削梯形外螺纹 ………………………………………………………… 120

任务四　车削梯形内螺纹 ………………………………………………………… 125

任务五　梯形螺纹配合件的加工 ………………………………………………… 127

任务六　双线梯形螺纹的加工 …………………………………………………… 130

项目八　车偏心工件 …………………………………………………………… 136

任务　在三爪自定心卡盘上加工偏心件 ………………………………………… 136

项目九　车削综合技能训练 …………………………………………………… 139

任务一　偏心配组合加工训练 …………………………………………………… 139

任务二　锥形螺纹心轴 …………………………………………………………… 141

任务三　螺纹偏心组合 …………………………………………………………… 143

项目十　考证技能训练 ………………………………………………………… 148

任务一　初级车工技能训练 ……………………………………………………… 148

任务二　中级车工技能训练 ……………………………………………………… 154

任务三　高级车工技能训练 ……………………………………………………… 162

附录 A　普通螺纹基本尺寸（部分） ………………………………………… 172

附录 B　参考答案 ……………………………………………………………… 178

参考文献 ………………………………………………………………………… 179

车工技能与训练

IV

绪　　论

　　机械制造业配合先进的电子技术,对振兴民族工业、促进国民经济迅速发展有着举足轻重的作用。

　　在实际生产中,要完成某一零件的切削加工,通常需要铸、锻、车、铣、刨、磨、钳、热处理等诸多工种的协同配合。而其中最基本、应用最为广泛的工种是车工。

　　在机械制造业中,车床在金属切削机床的配置几乎占 50%,应用尤其广泛。车床上可加工带有回转表面的各种不同形状的工件,如内、外圆柱面,内、外圆锥面,特形面和各种螺纹面等。因此,车削在机械行业中占有非常重要的地位和作用。

　　所谓"车削加工",就是在车床(见图 0-1)上,利用工件的旋转运动和车刀的直线运动(或曲线运动)来改变毛坯的尺寸、形状,使之成为合格工件的一种金属切削方法。

图 0-1　车床

车削的特点如下:

(1) 适应性强,应用广泛。

(2) 所用刀具的结构相对简单,制造、刃磨和装夹都比较方便。

(3) 车削一般是等截面连续进行。

(4) 车削可以加工出尺寸精度和表面质量较高的工件。

车削加工的范围(见图 0-2)很广,它可以车外圆、车端面、切断、车外沟槽、钻中心孔、钻孔、扩孔、锪孔、镗孔、铰孔、车圆锥面、车成形面、滚花、车螺纹和盘绕弹簧等。

学完本课程应达到如下要求。

(1) 掌握常用车床的主要结构、传动系统、日常调整和维护与保养方法。

（2）能合理地选用、刃磨常用刀具。

（3）能合理地选用切削用量和切削液。

（4）能对工件进行质量分析。

（5）能掌握加工过程中的有关计算方法。

（6）能独立地制定中等复杂程度零件的车削工艺。

（7）熟悉安全、文明生产的有关知识，并做到安全、文明生产。

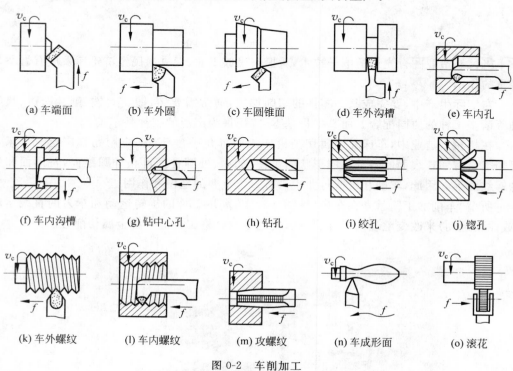

图 0-2　车削加工

项目 一

车床的基本操作

任务一 安全文明生产

任务目标

(1) 理解安全文明生产的重要性。

(2) 了解安全生产的注意事项。

(3) 熟悉文明生产的要求。

知识内容

安全为了生产，生产必须安全。"高高兴兴上班去，平平安安回家来"是广大职工、家属的共同心愿；同样，"高高兴兴上课去，平平安安学技术"是每位老师和家长对同学们的共同祝愿。

一、安全生产注意事项

进行安全生产应注意以下事项。

(1) 工作时应穿工作服，将袖口扎紧。女同志应戴工作帽，将长发塞入帽子里，夏季禁止穿裙子、短裤、凉鞋及拖鞋上机操作。

(2) 工作时，头不能离工件太近；为防止切屑飞入眼中，必须戴防护眼镜。

(3) 工作时，必须集中精力，注意手、身体和衣服不能靠近正在旋转的机件，如工件、带轮、胶带、齿轮等。

(4) 工件和车刀必须装夹牢固，以防飞出伤人。卡盘应装有保险装置。装夹好工件后，卡盘扳手必须随即从卡盘上取下。

(5) 凡装卸工件、更换刀具、测量加工表面及变换速度时，必须先停车。

(6) 车床运转时，不得用手去摸工件表面，尤其是加工螺纹时，严禁用手抚摸螺纹面，以防伤手。严禁用棉纱擦抹转动的工件。

(7) 应用专用铁钩清除切屑，绝不能用手直接清除。

(8) 在车床上操作不允许戴手套。

(9) 不准用手去刹住转动的卡盘。

(10) 不要随意拆装电气设备，以免发生触电事故。

（11）工作中若发现机床、电气设备有故障,应及时申报,由专业人员检修,未修复不得使用。

二、文明生产

文明生产是工厂管理的一项十分重要的内容,它直接影响产品的质量,影响设备和工、夹、量具的使用寿命,影响操作工人技能的发挥。所以作为技工学校的学生,工厂后备工人,在学习基本操作技能时,就要重视培养文明生产的良好习惯。文明生产要求如下:

（1）开车前,应检查车床各部分机构是否完好,各个转动手柄、变速手柄位置是否正确,以防开车时因突然撞击而损坏机床。启动后,应使主轴低速空转 1~2min,让润滑油散布到各需要的地方,等车床运转正常后才能工作。

（2）主轴变速必须先停车,变换进给箱手柄位置要在低速下进行。使用电器开关的车床不准用正、反车作紧急停车,以免打坏齿轮。

（3）刀具、量具及工具等的放置要稳妥、整齐、合理,有固定的位置,便于操作时取用,用后应放回原处。

（4）车刀磨损后,要及时刃磨,如果用磨钝的车刀继续切削,不但增加车床负荷,而且有可能损坏机床。

（5）爱护量具,经常保持清洁,用后擦净,涂油,放入盒内并及时归还工具室。

（6）不允许在卡盘上及床身导轨上敲击或校正工件,床面上不准放置工具或工件。

（7）装夹较重的工件时,应该用木板保护床面。

（8）车削铸铁和气割下料的工件前,要将导轨上润滑油擦去,工件上的型砂杂质应清除干净,以免磨坏车面导轨。

（9）使用冷却液时,要在车床导轨上涂润滑油。冷却系统中的冷却液应定期更换。

（10）图样和操作卡片应放在便于阅读的部位,并注意保持清洁和完整。

（11）毛坯、半成品和成品应分开摆放,并按次序整齐排列,以便安放或拿取。

（12）工作位置周围应保持整洁、卫生。

（13）下班前,应清除车床上及车床周围的切屑及冷却液,擦净后按规定在注油部位加上润滑油。

（14）下班前将大拖板摇至床尾一端,各转动手柄放到空挡位置,关闭电源。

技能训练内容

（1）讨论遵守安全文明生产的意义。

（2）熟悉实习车间安全文明生产操作规程。

（3）熟悉车间实训"十要"、"十不准"。

为了将学校实训工作落到实处,车间对学生的实训管理应提倡"十要"、"十不准"。

实训"十要"内容如下:

① 要着学校工装,戴好安全防护用品。

② 要提前 5min 进入车间,将自带物品放在指定位置。

③ 要听从教师指导,服从工位分配。

④ 要认真学习入门知识,掌握操作工艺和安全规程。

⑤ 要认真遵守车间内安全规章制度,穿戴防护用品。

⑥ 要保质保量、按时完成实习任务。

⑦ 要爱护场内设备、仪器和设施,节约材料。

⑧ 要互教互学,取长补短。

⑨ 要保持实训场地整洁、美观。

⑩ 要按时下课,注意关电、关门、关窗、关电扇、关机。

实训"十不准"内容如下:

① 不准穿背心、短裤和拖鞋。

② 不准迟到、早退、旷课、带手机。

③ 不准串岗、脱岗和做与工作无关的事情。

④ 不准违规操作、损坏仪器设备和工具、量具。

⑤ 不准无安全防护上岗作业。

⑥ 不准马虎了事,代做代考。

⑦ 不准将工具、量具和材料私自带出实训车间。

⑧ 不准在教室内嬉闹、追打。

⑨ 不准乱丢、乱放、乱拿工具和材料,乱丢果皮和杂物。

⑩ 不准损坏车间安全设施、污损地面和门窗桌椅。

(4) 学习企业 10S 管理精神,包括以下内容。

1S——整理(Seiri):将工作场所的所有物品分为必要的与非必要的,除必要的留下外,其余都拿掉。

2S——整顿(Seiton):把需要的物品加以定位摆放并放置整齐,加以标识。

3S——清扫(Seiso):将工作场所内看得见与看不见的地方打扫干净,对设备工具等进行保养,创造顺畅的工作环境。

4S——清洁(Seikets):维持上面 3S 的成果,使职工身处干净、卫生的环境而感觉无比自豪和产生无比干劲。

5S——素养(Shitsuke):培养每位成员养成良好的习惯,按规则做事,积极主动、诚信工作,诚信做人。

6S——安全(Safety):保障员工的人身安全和生产的正常运行,做到"不伤害自己,不伤害他人,不被他人和机器伤害",减少内部安全事故的发生。

7S——节约(Saving):减少库存,排除过剩生产,避免零件、半成品、成品库存过多,压缩采购量,消除重复采购,降低生产成本。

8S——效率(Speed):选择合适的工作方式,充分发挥机器设备的作用,共享工作成果,集中精力,从而达到提高工作效率的目的。

9S——服务(Service):将服务意识与工厂企业文化完美结合起来,灌输到每一位员工脑子里,使他们在日常的行为准则里潜移默化地体现出"为工厂,为他人"的自我服务意识。

10S——坚持(Shikoku)：属于工厂员工自我素质和修养的范畴，就是通过对工人的言传身教，使员工自觉树立在任何困难和挑战面前都要形成永不放弃、永不抛弃、坚持到底和顽强拼搏的工作意志。

技能训练评价

课题名称	安全文明生产		课题开展时间		指导教师	
学生姓名		分组组号				
操作项目	活动实施		技能评价			
			优秀	良好	及格	不及格
安全文明生产	安全文明生产的意义					
	安全生产注意事项					
	文明生产要求					
	"十要"、"十不准"					
	企业10S管理精神					

学习体会与交流

走进企业，学习了解车工操作规程、文明生产、岗位责任制的内容，生成调研报告。

任务二　车床的基本操作

任务目标

（1）了解车床各部分的名称及作用。
（2）理解车床的传动系统。
（3）能排除两个简单的故障。

知识内容

一、车床各部分的名称及作用

以CA6136为例，CA6136型车床外形结构如图1-1所示。它由床身、主轴变速箱、交换齿轮箱、进给箱、溜板箱、滑板和床鞍、刀架、尾座及冷却、照明等部分组成。

1. 床身

床身是车床精度要求很高的带有导轨的一个大型基础部件。用于支承和连接车床的各个部位，并保证各部件在工作时有准确的相对位置。

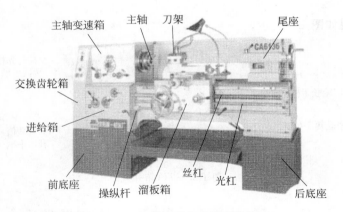

图 1-1 CA6136 型车床外形结构

2. 主轴变速箱

主轴变速箱又称床头箱,支承并传动主轴带动工件做旋转主运动。其前方外观如图 1-2 所示。

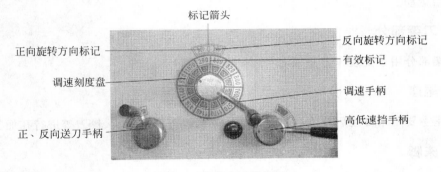

图 1-2 主轴变速箱外观

图 1-2 中,正向旋转方向标记下方的数值为主轴正向旋转转速,反向旋转方向标记下方的数值为主轴反向旋转转速;在正向转速与反向转速之间标有圆圈标记,当有效标记与标记箭头对齐时,挡位在正常啮合位置;高低速挡手柄有高速挡(白色)、低速挡(黑色)、空挡(高、低速挡之间) 3 个位置;调速手柄与高低速挡手柄配合使用,当选用高速挡时应看调速刻度盘外圈的数值。正、反向送刀手柄有正向送刀、反向送刀、空挡 3 个位置。

> **注意**:高低速挡手柄与调速手柄必须都在正确啮合的位置,运动才有可能传递下去。

3. 交换齿轮箱

交换齿轮箱又称挂轮箱,把主轴箱的转动传递给进给箱。

4. 进给箱

进给箱又称走刀箱,把交换齿轮箱传递过来的运动,经过变速后传递给丝杠或光杠。

项目一 车床的基本操作

进给箱外观如图 1-3 所示。

塔轮长手柄
塔轮短手柄

丝杠与光杠
转换手柄

罗马数值
表示手柄

图 1-3　进给箱外观

注意：只有当正、反向送刀手柄、两个塔轮手柄（用阿拉伯数值表示）、罗马数值表示手柄、丝杠与光杠转换手柄都在正确啮合的位置时，运动才可能传递给下一级。

5．溜板箱

溜板箱接受光杠或丝杠传递的运动，以驱动床鞍和中、小滑板及刀架实现车刀的纵、横向进给运动。

6．刀架部分

刀架部分用于安装车刀并带动车刀做纵、横或斜向运动。

7．尾座

尾座主要用来安装后顶尖，以支承较长工件，也可安装钻头、铰刀等进行孔加工。

8．床脚

床脚用以支承安装在床身上的各个部件。同时通过地脚丝栓和调整垫块使整台车床固定在工作场地上，并使车床床身调整到水平状态。

9．冷却装置

冷却装置用于降低切削温度，冲走切屑，润滑加工表面，以提高刀具使用寿命和工件的表面加工质量。

二、车床的传动系统

车床传动系统示意图如图 1-4 所示。

三、简单故障的排除

故障一：电动机运转正常，工件不转。
故障二：工件旋转正常，车刀不走。

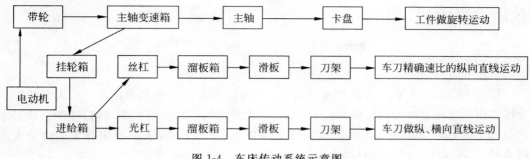

图 1-4　车床传动系统示意图

四、车削运动

1. 车床的车削运动

车床的切削运动主要指工件的旋转运动和车刀的直线运动。

车削运动
- 主运动：车削时形成切削速度的运动(工件的旋转运动就是主运动)
- 进给运动：使工件多余材料不断被车去的运动(车刀的直线运动)
  - 纵向进给：车刀进给方向与车床导轨方向平行的进给
  - 横向进给：车刀的进给方向与车床导轨方向垂直的进给

2. 车削时在工件上形成的 3 个表面

车削时在工件上形成 3 个不断变化的表面(见图 1-5)。

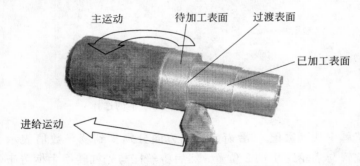

图 1-5　车削运动和工件上的表面

（1）待加工表面：工件上将要被车去多余金属的表面。待加工表面的直径用 d_w 来表示。

（2）已加工表面：已经车去金属层而形成的新表面。已加工表面的直径用 d_m 来表示。

（3）过渡表面：刀具切削刃在工件上形成的表面,即连接待加工表面和已加工表面之间的表面。

技能训练内容

1. 使用车床型号

以 CA6136 为例说明车床牌号的含义：C 为机床类代号中的车床类。C 为车的第一个汉语拼音字母；A 为结构特性代号；6 为组代号中的落地及卧式车床组；1 为系代号中的卧式车床；36 为床身上工件最大回转直径的 1/10。故 CA6136 型床身上工件最大回转直径是 $36 \times 10 = 360 (mm)$。

2. 车床启动操作

使用操纵杆控制主轴的正、反转和停车操纵。

3. 主轴变速操作

调整主轴正转转速至 290r/min、410r/min、570r/min、820r/min、72r/min。

4. 进给箱变速操作

（1）选择车削导程为 1mm、1.5mm、1.75mm、2mm、2.5mm、3mm 的米制螺纹时在进给箱上的各手柄的位置。

例如，选择导程为 4mm 的米制螺纹时进给箱上各手柄的位置，方法如图 1-6 所示。

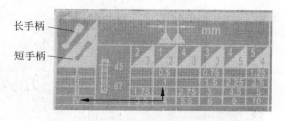

长手柄

短手柄

图 1-6　车削米制螺纹时手柄的选择

首先在该铭牌中找到数值 4，沿箭头指示方向分别找到罗马数值表示手柄位置 Ⅳ 及塔轮长手柄 1 位置与塔轮短手柄 2 位置；然后将丝杠与光杠转换手柄置于丝杠位置。

（2）选择纵向进给量为 0.08mm/r、0.14mm/r、0.24mm/r 时在进给箱上的各手柄的位置。

将丝杠与光杠转换手柄置于光杠位置，其他 3 个手柄的选择在图 1-7 中选 45 齿与 67 齿啮合的上方表格。

（3）选择横向进给量为 0.04mm/r、0.10mm/r、0.28mm/r 时在进给箱上的各手柄的位置。

将丝杠与光杠转换手柄置于光杠位置，其他 3 个手柄的选择在图 1-7 中选 45 齿与 67 齿啮合的下方表格。

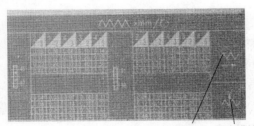

纵向进给　横向进给

图 1-7　纵、横向进给时手柄的选择

溜板部分操作如下：

① 手摇床鞍手柄,使床鞍做向左、向右纵向移动的操作。

② 手摇中滑板手柄,使中滑板做向前、向后横向移动的操作。

③ 手摇小滑板手柄,使小滑板做向左、向右纵向移动的操作。

5. 刻度盘操作

请记住：CA6136 型实习车床床鞍刻度盘每转一格,车刀纵向移动 0.5mm；中滑板刻度盘每转一格,车刀横向移动 0.2mm；小滑板刻度盘每转一格,车刀纵向移动 0.05mm。

（1）看刻度盘,手摇床鞍手柄,使刀架做纵向进给 150mm、120mm、100mm、80mm、50mm。

（2）看刻度盘,手摇中滑板手柄,使刀架做横向进给 0.4mm、0.6mm、0.8mm、1mm、1.75mm。

（3）看刻度盘,手摇小滑板手柄,使刀架做纵向进给 0.9mm、0.7mm、0.4mm、0.3mm、0.15mm。

6. 机动进给操作

（1）看刻度盘,使刀架做纵向自动进给 160mm、135mm、101mm、87mm、54mm。接近长度尺寸时,停止自动进给,采用手动进给至尺寸。每次自动进给后做自动退回。

（2）看刻度盘,刀架做横向自动进给 1mm、1.8mm、2.5mm、3mm、5.5mm。接近尺寸时,停止自动进给,采用手动进给至尺寸。

7. 开合螺母操作

（1）不启动车床,扳下开合螺母手柄,观察开合螺母与丝杠的抱紧状态。

（2）扳下开合螺母手柄,使溜板箱按选定的导程做纵向运动。体会开合螺母操纵手柄压下与扳起的手感。

（3）先做横向退刀,然后下压操纵杆使主轴反转,快速向右纵向退刀。

8. 刀架操作

刀架上不装夹车刀,进行刀架转位与锁紧的操作。

9. 尾座操作

（1）尾座套筒进、退移动及固定的操作。

（2）尾座沿床身向前移动、固定的操作。

（3）尾座固定后，看尾座刻度盘，使套筒向前移动 2mm、5mm、13mm、18mm。

10. 实例

设置故障一：电动机运转正常，工件不转。

排除故障：高低速挡手柄和调速手柄是否都在正确位置。

设置故障二：工件旋转正常，车刀不能自动进给。

排除故障：正、反向送刀手柄或进给箱前方的 4 个手柄是否都在正确位置。

技能训练评价

课题名称	车床的基本操作		课题开展时间		指导教师	
学生姓名		分组组号				
操作项目	活动实施		技 能 评 价			
			优秀	良好	及格	不及格
车床的基本操作	简述车床各部分名称及作用					
	车床各部分的操纵					
	简述车床的传动系统					
	两个简单故障的排除					
车削运动	车削运动的概念、分类及判定					
	车削时形成的 3 个表面					

学习体会与交流

课下交流操纵车床后的感受，并写出实训报告。

任务三　三爪自定心卡盘卡爪的拆装

任务目标

（1）工具的识别。

（2）了解三爪自定心卡盘的规格和用途。

（3）掌握三爪自定心卡盘卡爪的拆装。

（4）了解轴类工件的安装方法。

（5）掌握三爪自定心卡盘装夹工件。

知识内容

一、工具的识别

工件夹紧与安装刀具常用工具如图 1-8 所示。

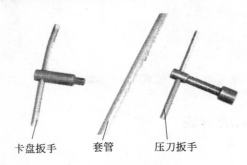

卡盘扳手　　套管　　压刀扳手

图 1-8　常用工具

（1）卡盘扳手。将卡盘扳手的方榫插入卡盘外壳圆柱面上的方孔中，按顺时针方向旋转可使卡爪沿径向向心移动，实现工件的夹紧；按逆时针方向旋转可使卡爪沿径向离心移动，可卸下工件。

（2）套管。根据杠杆原理实现省力的目的。与卡盘扳手配用，用来装、卸工件。

（3）压刀扳手。用来装卸刀具。

二、三爪自定心卡盘的规格及用途

三爪自定心卡盘是车床常用的附件，也是应用最为广泛的一种通用夹具。常用三爪自定心卡盘的规格有 150mm、200mm、250mm 等。

三爪自定心卡盘的用途如下：

（1）用于装夹工件，并带动工件随主轴一起运转，实现主运动。

（2）能自动定心，安装工件快捷、方便，但夹紧力不如单动四爪卡盘大。一般用于精度要求不是很高，形状规则的中、小型工件的安装。

三爪自定心卡盘有正（见图 1-9）、反（见图 1-10）两副卡爪，正卡爪用于装夹外圆直径较小和内孔直径较大的工件；反卡爪用于装夹外圆直径较大的工件。

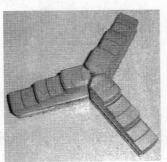

图 1-9　三爪自定心卡盘正卡爪

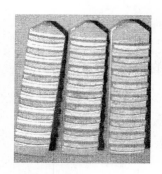

图 1-10　三爪自定心卡盘反卡爪

三、三爪卡盘三爪的拆装

1. 正卡爪的拆卸

按逆时针方向旋转卡盘扳手,3 个卡爪则同步沿径向离心移动,直至退出卡盘壳体。卡爪退离卡盘壳体时要注意防止卡爪从卡盘壳体中跌落受损。

2. 正卡爪的安装

将卡盘扳手的方榫插入卡盘壳体圆柱上的方孔中,按顺时针方向旋转,驱动大锥齿轮回转,当其背面平面螺纹的螺扣转到将要接近 1 槽时,将 1 号卡爪插入壳体的 1 槽内,如图 1-11(a)所示,安装好 1 号卡爪后;继续顺时针方向旋转卡盘扳手,在卡盘壳体的 2 槽内,如图 1-11(b)所示,再安装 2 号卡爪;2 号卡爪安装好后,继续顺时针方向转动卡盘,安装 3 号卡爪。随着卡盘扳手的继续转动,3 个卡爪同步沿径向向心移动,直至汇聚于卡盘的中心。

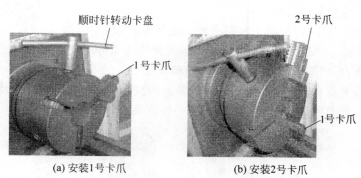

(a) 安装1号卡爪　　　　　　(b) 安装2号卡爪

图 1-11　卡爪的安装

3. 卡爪的判别

卡爪有 1、2、3 的编号,安装卡爪时必须按顺序装配。如果卡爪的编号不清晰,可将卡爪并列在一起,如图 1-12 所示,比较每个卡爪上第一螺纹扣与卡爪夹持部位距离的大小,

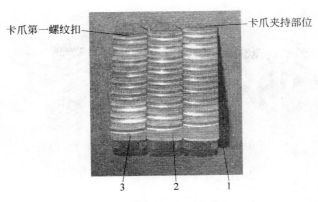

卡爪第一螺纹扣

卡爪夹持部位

3　　2　　1

图1-12　卡爪的判别

距离小的为1号卡爪,距离大的为3号卡爪。

安装好1号卡爪后,顺时针方向转动卡盘,2号卡爪更换反卡爪时,也按同样的方法进行卡爪的安装和拆卸。

四、轴类工件的安装(在三爪自定心卡盘上装夹工件)

由于轴类工件的形状、大小的差异和加工精度及数量的不同,采用的装夹方法也不尽相同。主要有以下几种装夹方法。

1．在三爪自定心卡盘上装夹

三爪自定心卡盘装夹工件方便、省时,自动定心好,但夹紧力较小。适用于装夹外形规则的中、小型工件。

自定心卡盘结构如图1-13(a)所示,正爪夹持棒料如图1-13(b)所示,反爪夹持大棒料如图1-13(c)所示。

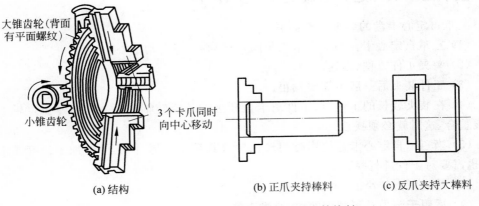

大锥齿轮(背面有平面螺纹)

小锥齿轮

3个卡爪同时向中心移动

(a)结构　　　　　(b)正爪夹持棒料　　　　(c)反爪夹持大棒料

图1-13　三爪自定心卡盘及正、反爪夹持棒料

2．在四爪单动卡盘上装夹

四爪单动卡盘如图1-14所示。找正费时,但夹紧力较大。适用于装夹大型或形状不

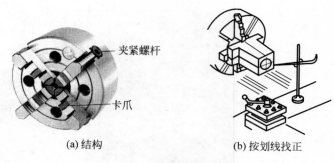

(a) 结构　　　　　　　　(b) 按划线找正

图 1-14　四爪单动卡盘装夹工件的方法

规则的工件。

3. 在两顶尖之间装夹

其特点是装夹工件精度高,但刚性较差,如图 1-15 所示。

4. 用卡盘和顶尖装夹(又称为一夹一顶)

用卡盘和顶尖装夹(见图 1-16)。这种装夹方法比较安全,能承受较大的轴向切削力,安装刚性好,轴向定位正确,应用广泛。

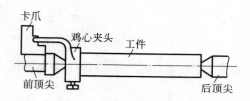

图 1-15　在两顶尖之间装夹

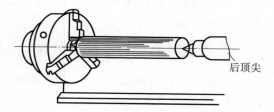

图 1-16　工件上的阶台限位

五、在三爪自定心卡盘上装夹工件

三爪自定心卡盘的装夹特点如下:

(1) 三爪自定心卡盘的 3 个卡爪是同步运动的,能自动定心。

(2) 装夹工件方便、迅速。

(3) 工件装夹后一般不需要找正。

(4) 在装夹较长的工件时,工件离卡盘较远处的旋转轴线不一定与车床主轴的旋转轴线重合,这时就必须找正。

(5) 当三爪自定心卡盘使用时间较长导致其精度下降,而工件的加工精度要求较高时,也需要对工件进行找正。

(6) 其夹紧力较小。

(7) 适用于装夹外形规则的中、小型工件。

技能训练内容

(1) 卡爪顺序的辨别。

（2）装、拆正卡爪和反卡爪。

（3）在三爪自定心卡盘上装夹工件。

技能训练评价

课题名称	三爪自定心卡盘卡爪的拆装		课题开展时间		指导教师	
学生姓名		分组组号				
操作项目	活动实施		技 能 评 价			
			优秀	良好	及格	不及格
三爪自定心卡盘卡爪的拆装	卡爪顺序的辨别					
	拆、装正卡爪和反卡爪					
工件的安装	在三爪自定心卡盘上装夹工件					

学习体会与交流

交流三爪卡盘卡爪拆、装顺序辨别的经验。

任务四　车床的润滑与保养

任务目标

（1）了解车床常用的润滑方式。

（2）掌握车床的日常保养要求。

知识内容

一、车床润滑的作用

为了保证车床的正常运转,减少磨损,延长使用寿命,应对车床的所有摩擦部位进行润滑,并注意日常的维护与保养。

二、常用车床的润滑方式

车床的润滑采取了多种形式。常用的有以下几种。

1. 浇油润滑

浇油润滑常用于外露的滑动表面,如床身导轨面和滑板导轨面等。

2．溅油润滑

溅油润滑常用于密闭的箱体中。如车床主轴箱中的转动齿轮将箱底的润滑油溅射到箱体上部的油槽中，然后经槽内油孔流到各润滑点进行润滑。

3．油绳导轨润滑

油绳导轨润滑常用于进给箱和溜板箱的油池中。

4．弹子油杯注油润滑

弹子油杯注油润滑常用于尾座、中滑板摇手柄及光杠、丝杠、操纵杆支架的轴承处。

5．黄油杯润滑

黄油杯润滑常用于交换齿轮箱挂轮架的中间轴或不便经常润滑处。

6．油泵输油润滑

油泵输油润滑常用于转速高、需要大量润滑油连续强制润滑的机构，如主轴箱内的许多润滑点就是采用这种润滑方式。

三、车床日常保养要求

（1）每天工作后切断电源，对车床各表面、各罩壳、导轨面、丝杠、光杠、各操纵手柄和操纵杆进行擦拭，做到无油污、无铁屑、车床外表清洁。

（2）每周要求保养床身导轨面和中、小滑板导轨面及转动部位的清洁、润滑。要求油眼畅通、游标清晰、保持车床外表清洁和工作场地整洁。

四、车床一级保养

当车床运行 500h 后，需进行一级保养。其保养工作以操作工人为主，在维修工人的配合下进行。

技能训练内容

（1）车床各表面、各罩壳、导轨面、丝杠、光杠、各操纵手柄和操纵杆的擦拭。

（2）床身导轨面和中、小滑板导轨面及转动部位的清洁、润滑。

技能训练评价

课题名称	车床的润滑与保养		课题开展时间		指导教师	
学生姓名		分组组号				

操作项目	活动实施	技能评价			
		优秀	良好	及格	不及格
车床的润滑与保养	车床各部位的润滑方式				
	车床各部位的润滑				
	车床各部位的擦拭				

学习体会与交流

（1）交流不怕脏、不怕累的吃苦耐劳体会。

（2）车床一级保养的目的及作用。

19

项目一 车床的基本操作

项目 二

车削常用工、量具

任务一　车刀简介

任务目标

（1）了解常用车刀材料。

（2）掌握常用车刀的种类和用途。

（3）掌握车刀的组成。

（4）理解车刀的几何角度。

知识内容

一、常用车刀材料

1．对车刀切削部分材料的要求

硬度高、耐磨性好、耐热性好、有足够的强度和韧性、有良好的工艺性能。

2．常用车刀材料

常用车刀材料有高速钢和硬质合金两大类。

（1）高速钢：常用于一般切削速度下的精车，因其耐热性较差，故不适于高速切削。常用钨系高速钢牌号是 W18Cr4V，常用钼系高速钢牌号是 W6Mo5Cr4V2。

（2）硬质合金：常用的硬质合金有 3 类。

① 钨钴类（K 类）：适用加工铸铁、有色金属等脆性材料。常用牌号有 YG3、YG6、YG8 等。YG 表示钨钴类，数字表示含钴量的质量分数。YG3 适用于精加工，YG8 适用于粗加工。

② 钨钛钴类（P 类）：适合加工塑性金属及韧性较好的材料。常用牌号有 YT5、YT15、YT30 等。YT 表示钨钛钴类，数字表示含钛量的质量分数。YT15 适用于粗加工，YT30 适用于精加工。

③ 钨钛钽（铌）钴类（M 类）：应用广泛，不仅可加工脆性材料，也可加工塑性材料。常用牌号有 YW1、YW2 等。

二、常用车刀的种类和用途

1. 车刀的种类

车刀按其车削的内容不同,可分为外圆车刀、端面车刀、切断刀、内圆车刀、成形车刀和螺纹车刀等,如图 2-1 所示。

2. 车刀的用途

90°车刀主要用来车削外圆、端面和阶台。75°车刀适用于粗车轴类工件的外圆以及强力切削铸、锻件等余量较大的工件。45°车刀主要用来车外圆、端面和倒角。切断刀用来切断、车槽。成形车刀用来车削成形面。螺纹车刀用来车削螺纹。

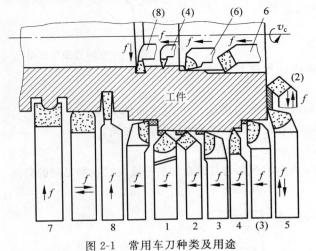

图 2-1　常用车刀种类及用途

1—直头车刀;2—弯头车刀;3—90°偏刀;4—螺纹车刀;
5—端面车刀;6—内圆车刀;7—成形车刀;8—车槽、切断刀

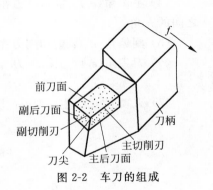

图 2-2　车刀的组成

三、车刀的组成

下面以 90°车刀为例进行说明。车刀由刀体(图 2-2 中阴影部分)和刀柄两部分组成,如图 2-2 所示。刀体担负切削任务,因此又叫切削部分。刀柄的作用是把车刀装夹在刀架上。

(1) 前刀面:切屑排出时经过的表面。

(2) 主后刀面:和工件上过渡表面相对的车刀刀面。

(3) 副后刀面:和工件上已加工表面相对的车刀刀面。

(4) 主切削刃:前刀面与主后刀面的交线。

(5) 副切削刃:前刀面与副后刀面的交线。

(6) 刀尖:主切削刃与副切削刃的交点。

四、测量车刀角度的 3 个辅助平面

切削平面(P_s):过车刀主切削刃上一个选定点,并与工件过渡表面相切的平面。

基面(P_t):过车刀主切削刃上一个选定点,并与该点切削速度方向垂直的平面。

截面(P_o)：过车刀主切削刃上一个选定点，垂直于过该点的切削平面与基面的平面。切削平面、基面和截面3个平面互相垂直，构成一个空间直角坐标系（见图2-3）。

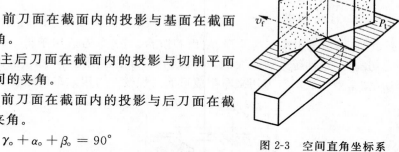

五、车刀的主要几何角度

下面以90°外圆刀为例进行说明。车刀几何角度标注如图2-4所示。

（1）前角（γ_o）：前刀面在截面内的投影与基面在截面内的投影之间的夹角。

（2）后角（α_o）：主后刀面在截面内的投影与切削平面在截面内的投影之间的夹角。

（3）楔角（β_o）：前刀面在截面内的投影与后刀面在截面内的投影之间的夹角。

$$\gamma_o + \alpha_o + \beta_o = 90°$$

图 2-3　空间直角坐标系

（4）主偏角（κ_r）：主切削刃在基面内的投影与进给方向之间的夹角。

（5）副偏角（κ_r'）：副切削刃在基面内的投影与进给反方向之间的夹角。

（6）刀尖角（ε_r）：主切削刃与副切削刃在基面内的投影之间的夹角。

$$\kappa_r + \kappa_r' + \varepsilon_r = 180°$$

（7）刃倾角（λ_s）：主切削刃在切削平面内的投影与基面在切削平面内的投影之间的夹角。

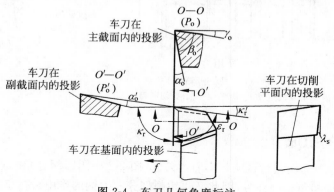

图 2-4　车刀几何角度标注

技能训练内容（以90°车刀为例）

（1）指出车刀的切削部分。

（2）指出车刀的前刀面、主后刀面、副后刀面、主切削刃、副切削刃、刀尖。

（3）仔细观察车刀前刀面、主后刀面、副后刀面的倾斜趋势。

（4）在图2-5中标出车刀的前角、后角、楔角。

（5）在图2-6中标出车刀的主偏角、副偏角、刀尖角。

（6）在图2-7中标出车刀的刃倾角。

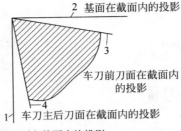

2 基面在截面内的投影

3

车刀前刀面在截面内
的投影

4

1 车刀主后刀面在截面内的投影

切削平面在截面内的投影

图 2-5　90°车刀在主截面内的投影图

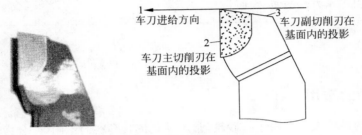

1

车刀进给方向

3 车刀副切削刃在
基面内的投影

2

车刀主切削刃在
基面内的投影

图 2-6　90°车刀在基面内的投影图

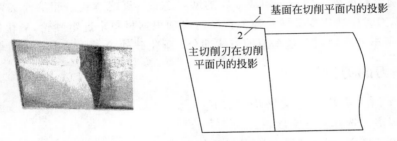

1 基面在切削平面内的投影

2

主切削刃在切削
平面内的投影

图 2-7　90°车刀在切削平面内的投影图

技能训练评价

课题名称	车刀简介		课题开展时间		指导教师	
学生姓名		分组组号				
操作项目	活动实施		技能评价			
			优秀	良好	及格	不及格
车刀简介	常用车刀的种类					
	车刀的组成(三面、两刃、一尖)					
	车刀的主要几何角度(7个)					

学习体会与交流

交流 45°车刀的组成及几何角度。

任务二　车刀的刃磨

任务目标

（1）能根据不同车刀材料选择不同的砂轮。

（2）掌握 90°车刀的刃磨方法。

知识内容

一、砂轮的选用

刃磨车刀的砂轮大多采用平行砂轮，常用砂轮按其磨料的不同，可分为灰色的氧化铝砂轮和绿色的碳化硅砂轮两类。砂轮的粗细以粒度表示，一般可分为 36 粒、60 粒、80 粒、120 粒等级别。粒度越大则表示组成砂轮的磨料越细；反之越粗。粗磨车刀时应选用粗砂轮，精磨车刀时应选用细砂轮。车刀刃磨时必须根据材料来选定砂轮，氧化铝砂轮适用于刃磨高速钢车刀和硬质合金车刀的刀体部分；碳化硅砂轮适用于刃磨硬质合金车刀。

二、车刀的刃磨

以 90°（YT15）车刀为例，刃磨步骤如下：

（1）磨焊渣。选择氧化铝砂轮。

（2）粗磨刀杆主、副后刀面。选择氧化铝砂轮，形成 8°～10° 的主、副后角，如图 2-8 所示。

（3）粗磨刀头主后刀面和副后刀面，选择碳化硅砂轮。形成 6°～8° 的主后角、副后角，如图 2-8 所示。

（4）粗、精磨前刀面。选择碳化硅砂轮，形成 20°±1° 的前角，如图 2-9 所示。

图 2-8　粗磨主后刀面和副后刀面

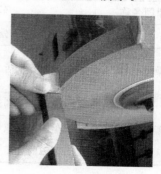

图 2-9　刃磨前刀面

（5）粗、精磨断屑槽。选择碳化硅砂轮,如图 2-10 所示。

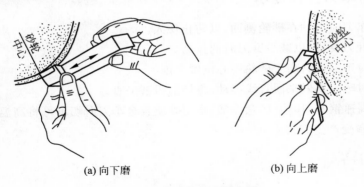

(a) 向下磨　　　　　　(b) 向上磨

图 2-10　断屑槽的磨削方法

（6）精磨刀头主、副后刀面。选择碳化硅砂轮,形成 $6°\sim8°$ 的主后角、副后角,如图 2-11、图 2-12 所示。

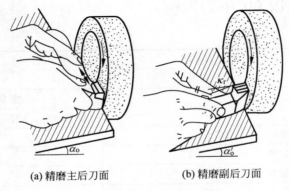

(a) 精磨主后刀面　　　　　　(b) 精磨副后刀面

图 2-11　精磨主后刀面和副后刀面

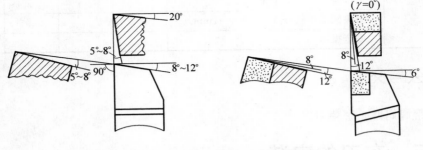

图 2-12　形成 $6°\sim8°$ 的主后角和副后角

（7）刃磨刀尖圆弧。选择碳化硅砂轮。

（8）刀在砂轮上刃磨好后,应用细油石研磨其刀刃。

三、刃磨车刀操作提示

（1）刃磨车刀时人站在砂轮侧面，以防止伤人。

（2）双手握刀要稳，以减少磨刀时的抖动。

（3）磨刀时车刀应略高于砂轮中心位置磨削。

（4）磨刀时车刀要做来回直线移动，将切削刃磨平直。

（5）磨削高速钢车刀时要注意冷却，磨削硬质合金车刀时切不可将高温刀头沾水，以防止刀头温度骤变产生裂纹。

技能训练内容

（1）正确区分使用砂轮。

（2）45°车刀的刃磨。

（3）90°车刀的刃磨。

技能训练评价（以90°车刀为例）

课题名称	车刀的刃磨		课题开展时间		指导教师	
学生姓名		分组组号				
操作项目	活动实施		技能评价			
			优秀	良好	及格	不及格
90°车刀的刃磨	前角（γ_o） 20°±1°					
	主后角（α_o） 7°±1°					
	主偏角（κ_r） 90°±2°					
	副偏角（κ_r'） 10°±2°					
	副后角（α_o'） 7°±1°					
	刃倾角（λ_s） 4°±1°					
	刀尖圆弧半径（r_ε） 0.5～1mm					
	安全操作					

学习体会与交流

回家帮妈妈磨一磨菜刀。

任务三　车刀的安装

任务目标

（1）掌握车刀安装的注意事项。

（2）掌握车刀安装顺序。

知识内容

一、车刀安装注意事项

车刀装夹是否正确,直接影响切削的顺利与否和工件的加工质量。

(1)车刀安装在刀架上,伸出部分不宜太长,一般伸出长度不超过刀杆厚度的1.5倍。

(2)车刀垫铁要平整、数量要少,垫铁应与刀架对齐。

(3)车刀刀尖一般应与工件轴线等高。

车刀刀尖高于工件轴线,会使车刀后角减小,增大车刀后面与工件间的摩擦。

车刀刀尖低于工件轴线,会使车刀前角减小,切削不顺利。

(4)车刀刀杆中心线应与进给方向垂直。

(5)为使车刀刀尖对准工件中心,通常采取下列几种方法。

① 测量法。根据车床的主轴中心高,用钢直尺测量装刀。例如,沈阳机床 CA6136 的中心高是 180mm,可以利用钢直尺以中心高度为准装刀。

② 比较法。利用车床尾座后顶尖对刀。

③ 目测、试车法。将车刀靠近工件端面,用目测估计车刀的高低,然后夹紧车刀、试车端面,再根据端面的中心来调整车刀。

二、车刀安装顺序

在 CA6136 型车床上最多可同时安装 4 把车刀,为减少换刀时间,一般安装顺序为:45°车刀、90°车刀、切断刀、外螺纹车刀。

三、常用车刀的安装

1. 45°车刀的安装

45°车刀有两个刀尖,前端一个刀尖常用于车削外圆,左侧一个刀尖通常用于车削工件端面和倒角。安装 45°车刀时,其左侧刀尖必须严格对准工件旋转中心,否则在车削端面至中心时会留有凸台。

2. 90°车刀的安装

90°车刀主要用来车削外圆、端面和阶台。

90°车刀车削阶台,安装时必须使车刀主切削刃与工件轴线之间的夹角不小于 90°,否则车出的阶台面与工件轴线不垂直。粗车时,车刀装夹可取主偏角小于 90°为宜(一般为 85°~90°);精车时,为保证阶台面工件与轴线垂直,应取主偏角大于 90°(一般为 92°~94°)。

技能训练内容

根据车刀安装注意事项安装 45°车刀、90°车刀。

技能训练评价

课题名称		车刀的安装	课题开展时间		指导教师	
学生姓名		分组组号				
操作项目		活动实施	技能评价			
			优秀	良好	及格	不及格
车刀的安装		45°车刀的安装				
		90°车刀的安装				
		对各把刀进行试切、调整				

学习体会与交流

交流同时安装多把车刀的合理顺序。

任务四　游标卡尺、外径千分尺的识读与使用

任务目标

（1）了解游标卡尺及外径千分尺的结构组成。
（2）掌握游标卡尺的读数方法及正确使用。
（3）掌握外径千分尺的读数方法及正确使用。

知识内容

一、游标卡尺

游标卡尺是车工最常用的中等精度的通用量具，其结构简单，使用方便。按样式不同，可分为两用游标卡尺和双面游标卡尺。现以两用游标卡尺为例进行说明。

1. 两用游标卡尺的结构组成

两用游标卡尺的结构外形如图 2-13 所示。

两用游标卡尺主要由上量爪、下量爪、紧固螺钉、尺身、游标和深度尺组成。

使用时，旋松固定游标的紧固螺钉即可测量。下量爪用来测量工件的外径和长度，上

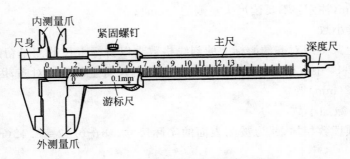

图 2-13　两用游标卡尺结构及外形

量爪用来测量孔径和槽宽,深度尺用来测量工件的深度和台阶长度。

2. 游标卡尺的读数方法

常用游标卡尺的读数精度有 0.1mm、0.05mm、0.02mm 等 3 种。下面以图 2-14 (0.02mm 精度)为例进行读数说明。

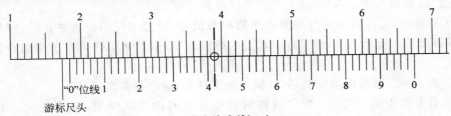

8+0.42=8.42(mm)

(a) 0.02mm精度游标卡尺读数方法

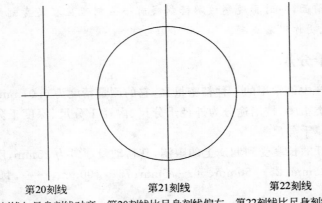

第20刻线　　第21刻线　　第22刻线

第21刻线与尺身刻线对齐,第20刻线比尺身刻线偏右,第22刻线比尺身刻线偏左。

(b) 0.02mm精度游标卡尺读数方法局部放大图

图 2-14　游标卡尺测量示例

游标卡尺是以游标的"0"位线为基准进行读数的,其读数分以下 3 个步骤。

第 1 步:读整数

夹住被测工件后,从刻度线的正面正视刻度读取数值。读出游标"0"位线左边尺身上的整毫米值 8mm（注意：不要读尺头左侧的 7mm）。

第 2 步：读小数

用与尺身上某刻线对齐的游标上的刻线格数乘以游标卡尺的测量精度值，得到小数毫米值。从图 2-14 中看出，游标上的第 21 根刻线与尺身上的刻线对齐，因此小数部分为 $21 \times 0.02 = 0.42$（mm）。

第 3 步：整数加小数

最后将两项读数相加，就为被测表面的实际尺寸。$8 + 0.42 = 8.42$（mm），即所测尺寸为 8.42mm。

3．游标卡尺的使用

游标卡尺的使用注意事项如下：

（1）测量前，先用棉纱把尺身和工件上被测部位擦干净，并进行零位复位检测（当两个量爪合拢在一起时，主尺和游标上的两个零线对齐，两量爪应密合无缝隙）。

（2）测量时，轻轻接触工件表面，手推力不要过大，量爪和工件的接触力要适当，不能过松或过紧，并适当摆动卡尺，使卡尺和工件接触完好。

（3）测量时，要注意卡尺与被测表面的相对位置，要把卡尺的位置放正确，然后再读尺寸，或者测量后量爪不动，将游标卡尺上的螺钉拧紧，卡尺从工件上拿下来后再读测量尺寸。

（4）为了得出准确的测量结果，在同一个工件上，应进行多次测量。

（5）看卡尺上的读数时，要保持眼睛视线与尺身刻度线垂直，偏视往往出现读数误差。

提示：当你认为看到的游标刻线与尺身对齐时，此时再观察该游标刻线后一条刻线应在尺身刻线的前面，同时再观察该游标刻线前一条刻线应在尺身刻线的后面。存在这种相对位置时，说明你观看正确。

二、外径千分尺

千分尺是生产中最常用的一种精密量具，它的测量精度为 0.01mm。

千分尺的种类很多，按用途分为外径千分尺、内径千分尺、深度千分尺、内测千分尺、螺纹千分尺和壁厚千分尺等。

由于测微螺杆的长度受到制造上的限制，其移动量通常为 25mm，所以千分尺的测量范围分别为 0～25mm、25～50mm、50～75mm、75～100mm、……，每隔 25mm 为一挡规格。

1．千分尺的结构组成

千分尺的结构形状如图 2-15 所示。千分尺由尺架、固定测钻、测微螺杆、测力装置和缩紧装置等组成。

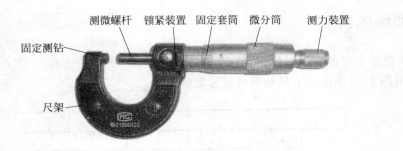

固定测钻　测微螺杆　锁紧装置　固定套筒　微分筒　测力装置

尺架

图 2-15　外径千分尺外形

2. 千分尺的读数方法

千分尺的读数以图 2-15 测量示例进行说明。

第 1 步：读最大刻线值

从刻度线的正面正视刻度读出固定套筒上露出的最大刻线数值，即固定套筒主尺的整毫米数和半毫米数。固定套筒主尺的整毫米数为 8mm，半毫米数为 0.5mm。即最大刻度值为 8+0.5＝8.5(mm)。

第 2 步：读小数

再在微分筒上找出与固定套筒基准线在一条线上的那一条刻线，读出小数部分。微分筒上的第 6 根刻度线与固定套筒基准线在一条线上，因此小数部分为 6×0.01＝0.06(mm)。

第 3 步：整数加小数

最后将两项读数相加，就为被测表面的尺寸 8.5+0.06＝8.56(mm)，即所测工件的尺寸为 8.56mm。图 2-16 中最后一位数值为估计读数 0.001mm。

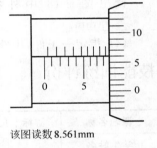

该图读数 8.561mm

图 2-16　外径千分尺测量示例

3. 千分尺的使用

千分尺的使用注意事项如下：

（1）千分尺是一种精密测量量具，不易测量粗糙毛坯面。

（2）在测量工件前，应检查千分尺的零位，即检查千分尺微分筒上的零线和固定套筒上的零线基准是否对齐，如不对齐，应加以校正。

（3）测量时，转动测力装置和微分筒，直到测微螺杆和被测量面轻轻接触而内部棘轮发出"吱吱"响声，这时就可读出测量尺寸。

（4）测量时要把千分尺位置放正，量具上的测量面（测钻端面）要在被测量面上放平、放正。

（5）加工铜件和铝件一类材料时，它们的线胀系数较大，切削中遇热膨胀会使工件尺寸增大。所以，要用切削液冷却后再测量；否则，测出的尺寸容易出现误差（比实际尺寸偏大）。

技能训练内容

（1）游标卡尺的识读与使用（精度为 0.02mm）。

读出图 2-17 中游标卡尺显示的尺寸数值为_____mm。

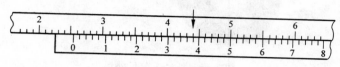

图 2-17　识读游标卡尺

注意观察游标上第 18、19、20 刻线与尺身的相对位置。18 刻线比尺身刻线偏右，20 刻线比尺身刻线偏左，所以 19 刻线与尺身刻线对齐。

（2）指定一工件，用游标卡尺测量。

（3）外径千分尺的识读与使用。

读出图 2-18 中外径千分尺显示的尺寸数值为_____mm。

（4）指定一工件，用外径千分尺测量。

图 2-18　识读外径千分尺

技能训练评价

课题名称	游标卡尺、外径千分尺的识读与使用		课题开展时间		指导教师	
学生姓名		分组组号				
操作项目	活 动 实 施		技 能 评 价			
			优秀	良好	及格	不及格
游标卡尺及外径千分尺的识读与使用	游标卡尺的识读					
	外径千分尺的识读					
	指定一工件，用游标卡尺测量					
	指定一工件，用外径千分尺测量					

学习体会与交流

交流如何正确使用游标卡尺及外径千分尺。

项目 三

轴类工件的加工

任务一 车端面和外圆

任务目标

（1）学会车削端面。
（2）学会车削外圆。
（3）能根据加工内容正确选择刀具。

知识内容

一、车削端面（车削工件的第一个端面）

1．刀具选择（90°和 45°车刀）

90°车刀又称偏刀，按车削时进给方向不同分为左偏刀、右偏刀。

（1）左偏刀。适用于车削工件的外圆和左向阶台（见图 3-1），也适用于车削直径较大而长度较短工件的端面。

（2）右偏刀。常用于车削工件的外圆、端面和右向阶台（见图 3-2），是最常用的外圆车刀之一。

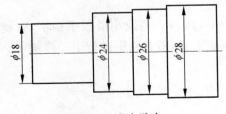

图 3-1　左向阶台

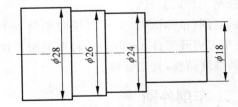

图 3-2　右向阶台

45°车刀又称弯头刀，也分为左、右两种车刀。该车刀适用于粗车余量较大的工件外圆、车端面及进行倒角。

2．安装端面车刀时的注意事项

车刀刀尖必须对准工件的中心，否则，不仅会引起实际工作前角和后角的改变，而且还不可能将端面全部车出。当使用硬质合金车刀时，如不注意这一点，则会使刀尖损坏。

3. 端面的车削方法

（1）使用 90°右偏刀车削端面，这时若将车刀主刀刃装得与工作轴线垂直，车削时主刀刃将会与已加工过的端面产生摩擦，而影响已加工表面的粗糙度，刀刃也易磨损，所以此时车刀的主刀刃应偏过 5°左右，当用 90°右偏刀由工件外圆向中心走刀车端面时，是由副刀刃进行切削的，切削不顺利；此外，刀刃上的切削力方向是指向被切端面的，这个力会使刀尖扎入工件端面，因此出现凹面。为解决这一问题，用右偏刀加工端面最好是从中心向外走刀。

（2）用 45°弯刀和 90°左偏刀车端面。45°弯刀车端面时是利用主刀刃进行切削的，所以切削顺利，工件表面光洁度较高。90°左偏刀车端面时也是利用主刀刃进行切削的，所以切削顺利，适用于车削铸锻件的大平面。

（3）最常用的端面车刀是 45°弯刀。

4. 车削端面的一般步骤

（1）启动车床，使工件旋转。

（2）对刀。用手摇动床鞍和中滑板的手柄，使 45°车刀左侧刀尖轻轻接触工件右端面。

（3）横向退刀。反方向摇动中滑板手柄，使车刀离开工件 3～5mm。

（4）纵向进刀。摇动大滑板手柄或小滑板手柄，使车刀纵向进给。进给量依工件长度余量视情况而定（在保证端面车平的情况下尽量少切除材料）。

（5）横向进刀。使车刀横向进给至工件的中心。为防止车过中心，应提前关闭自动进给手柄，用手车至工件中心。

（6）退刀。先纵向退刀，再横向退刀。停车检查。

车削工件的另一个端面时，步骤基本同上，只是在第（5）步的后面加上一步试切削，以利于控制工件的总长。

试切削（也称试刀）。车刀横向车削 3～5mm，床鞍手柄及小滑板手柄不动，横向退刀，使车刀离开工件 3～5mm。停车测量工件保证总长，若合格则进行下一步加工。若不合格则继续调整，直至合格。

二、车削外圆

1. 车刀选择

常用外圆车刀有 3 种，其主偏角分别为 45°、75°和 90°。

75°车刀又称强力切削车刀。其刀尖角大于 90°，刀体强度好、耐用。适用于粗车轴类工件的外圆或强力切削铸件、锻件等余量较大的工件。

最常用的外圆车刀是 90°右偏刀。

2．车削外圆的一般步骤

（1）启动车床，使工件旋转。

（2）对刀。用手摇动床鞍和中滑板的进给手柄，使车刀刀尖轻轻接触工件右端外圆表面，如图 3-3（a）所示。

（3）纵向退刀。反方向摇动床鞍手柄，使车刀向右离开工件 3～5mm，如图 3-3（b）所示。

（4）横向进刀。摇动中滑板手柄，使车刀横向进给，进给量为 $(d_w - d_m)/2$，如图 3-3（c）所示。反映到中滑板上，中滑板应进格 $(d_w - d_m)/2$/中滑板刻度盘数值。

（5）试切削。床鞍纵向进给车削 3～5mm 后，不动中滑板手柄，将车刀纵向快速退回，停车测量工件。与要求的尺寸比较，再重新调整背吃刀量，把工件的多余金属车去，如图 3-3（d）、（e）所示。

（6）正常车削。床鞍纵向进给车至尺寸，如图 3-3（f）所示。

（7）退刀。先横向退回车刀，使车刀离开已加工表面，再纵向退刀。停车检查。

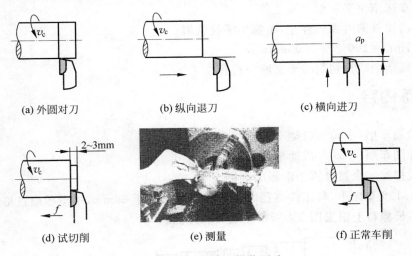

(a) 外圆对刀   (b) 纵向退刀   (c) 横向进刀

(d) 试切削   (e) 测量   (f) 正常车削

图 3-3　车外圆步骤操作图片

三、工件车削分为粗车和精车

粗车是指车削工件的加工余量。通常采用较大的背吃刀量和进给量，较低的转速以提高工作效率。

精车是指保证工件的尺寸精度和表面粗糙度。通常采用较高的转速，较小的进给量和背吃刀量。

四、车削操作的注意事项

（1）车工件端面时，刀尖必须对准工件中心；否则端面中心会留有凸头。

（2）车削前应检查滑板位置是否正确，工件装夹是否牢固，卡盘扳手是否取下，转动刀架时应防止车刀与工件、卡盘相撞。

（3）用手动进给车削时，应把有关进给手柄放在空挡位置，手动进给要均匀，否则车削表面痕迹粗细不一。

（4）变换转速时应先停车，否则容易打坏主轴箱内的齿轮。

（5）切削时应先开车，后进刀；切削完毕时先退刀后停车，否则车刀容易损坏。

（6）调头装夹工件时最好垫铜皮，以防夹坏工件的已加工表面。

（7）机动进给时注意力要集中，以防滑板等碰撞。

（8）阶台面和外圆相交处要清角，车刀要有明显的刀尖，防止产生凹坑和出现小台阶。

（9）车刀没有从里向外横向切削，车刀装夹主偏角小于90°以及刀架、车刀、滑板等产生移位会造成阶台面出现凹凸。

（10）使用游标卡尺、千分尺测量工件时，松紧程度要适当；实际测量时对同一长度的直径应多测几次，取其平均值作为测量结果。

（11）长度尺寸的测量应从一个基面量起，以防累加误差。

（12）车床未停妥不能测量工件。

（13）清除铁屑时要先停车，不能用手拉铁屑。

（14）1mm＝100 丝＝1000μm。

（15）摇动中滑板切削时要清除空行程。

技能训练内容

（1）端面车削（手动与机动车削）。

（2）外圆车削（手动与机动车削）。

（3）根据加工余量计算中滑板的进格。

在 CA6136 车床上，将工件直径由 38mm 一次车削至 35mm，中滑板应进格多少？

（4）在长棒料上根据图 3-4 所示车端面和外圆。

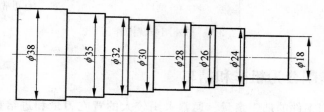

图 3-4　车端面和外圆

技能训练评价

课题名称	车端面和外圆		课题开展时间	指导教师
学生姓名	分组组号			

操作项目	活动实施	技能评价			
		优秀	良好	及格	不及格
刀具选择	合理选择刀具进行端面、外圆的加工				
端面、外圆加工	端面车削的步骤及动作规范程度				
	外圆车削的步骤及动作规范程度				

学习体会与交流

交流车削加工的感受。

任务二　切削用量及选择

任务目标

（1）掌握切削用量的三要素。

（2）在加工中能合理地选择切削用量。

知识内容

在实际生产中,有时虽然操作同样的车床、加工同样的工件,但由于切削用量选择不同,却会造成完全不同的切削效果。切削用量选得过低,会降低生产率完不成生产任务;切削用量选得过高,会加快车刀磨损,增加磨刀次数,结果是欲速则不达,同样会影响生产成本和生产率。因此,在车削加工中必须正确理解切削用量,合理选择切削用量。

一、切削用量

切削用量是度量主运动和进给运动大小的参数。它包括背吃刀量 a_p、进给量 f、切削速度 v_c,也称为切削用量三要素。

1. 背吃刀量 a_p

车削工件上已加工表面与待加工表面之间的垂直距离。根据此定义,如在纵向车外圆时,其背吃刀量可按下式计算,即

$$a_p = (d_w - d_m)/2$$

式中：d_w——工件待加工表面直径,mm;

d_m——工件已加工表面直径,mm。

$d_w - d_m$ 的差值通常称为加工余量。

2．进给量 f

进给量是工件每转一圈，车刀沿进给运动方向移动的距离。它是衡量进给运动大小的参数。其单位为 mm/r。

3．切削速度 v_c

切削刃上选定点相对于工件的主运动的瞬时速度。计算公式为

$$v_c = \frac{n\pi d_w}{1000}$$

式中：v_c——切削速度，m/min；

d_w——工件待加工表面直径，mm；

n——车床主轴转速，r/min。

在计算时应以最大的切削速度为准，如车削时以待加工表面直径的数值进行计算，因为此处速度最高，刀具磨损最快。

二、切削用量的选择

制订切削用量，就是要在已经选择好刀具材料和几何角度的基础上，合理地确定背吃刀量 a_p、进给量 f 和切削速度 v_c。

合理的切削用量是指充分利用刀具的切削性能和机床性能，在保证加工质量的前提下，获得高的生产率和低的加工成本的切削用量。

不同的加工性质，对切削加工的要求是不一样的。因此，在选择切削用量时，考虑的侧重点也应有所区别。粗加工时，应尽量保证较高的金属切除率和必要的刀具耐用度，故一般优先选择尽可能大的背吃刀量 a_p，其次选择较大的进给量 f，最后根据刀具耐用度要求，确定合适的切削速度。精加工时，首先应保证工件的加工精度和表面质量要求，故一般选用小的进给量 f 和背吃刀量 a_p，而尽可能选用较高的切削速度 v_c。

1．背吃刀量 a_p 的选择

背吃刀量 a_p 应根据工件的加工余量来确定。

（1）粗加工时，除留下精加工余量外，一次走刀应尽可能切除全部余量。当加工余量过大，工艺系统刚度较低，机床功率不足，刀具强度不够或断续切削的冲击振动较大时，可分多次走刀。切削表面层有硬皮的铸锻件时，应尽量使 a_p 大于硬皮层的厚度，以保护刀尖。

（2）半精加工和精加工的加工余量一般较小时，可一次切除，但有时为了保证工件的加工精度和表面质量，也可采用二次走刀。多次走刀时，应尽量将第一次走刀的背吃刀量取大些，一般为总加工余量的 $2/3 \sim 3/4$。

（3）在中等功率的机床上，粗加工时的背吃刀量可达 $8 \sim 10$mm，半精加工（表面粗糙度为 $Ra6.3 \sim 3.2\mu m$）时背吃刀量取 $0.5 \sim 2$mm，精加工（表面粗糙度为 $Ra1.6 \sim 0.8\mu m$）时背吃刀量取 $0.1 \sim 0.4$mm。

2．进给量 f 的选择

背吃刀量选定后，接着就应尽可能选用较大的进给量 f。粗加工时，由于作用在工艺系统上的切削力较大，进给量的选取受到下列因素限制：机床—刀具—工件系统的刚度，机床进给机构的强度，机床有效功率与转矩，以及断续切削时刀片的强度。半精加工和精加工时，最大进给量主要受工件加工表面粗糙度的限制。

进给量 f，粗车时一般取 $0.3\sim0.8$ mm/r，精车时常取 $0.1\sim0.3$ mm/r，切断时常取 $0.05\sim0.2$ mm/r。

3．切削速度 v_c 的选择

切削速度 v_c 的选择在 a_p 和 f 选定以后，可在保证刀具合理耐用的条件下，用计算的方法或用查表法确定切削速度 v_c 的值。

在具体确定 v_c 值时，一般应遵循下述原则。

（1）粗车时，背吃刀量和进给量均较大，故选择较低的切削速度；精车时，则选择较高的切削速度。

（2）工件材料的加工性能较差时，应选较低的切削速度。故加工灰铸铁的切削速度应较加工中碳钢低，而加工铝合金和铜合金的切削速度则较加工钢高得多。

（3）刀具材料的切削性能越好时，切削速度也可选得越高。因此，硬质合金刀具的切削速度可选得比高速钢高好几倍，而涂层硬质合金、陶瓷、金刚石和立方氧化硼刀具的切削速度又可选得比硬质合金刀具高许多。高速钢车刀应选较低的切削速度。

（4）在确定精加工、半精加工的切削速度时，应注意避开积屑瘤和鳞刺产生的区域；在易发生振动的情况下，切削速度应避开自激振动的临界速度，在加工带硬皮的铸锻件时，加工大件、细长件和薄壁件及断续切削时，应选用较低的切削速度（$v_c<5$ m/min）；硬质合金车刀应选择较高的切削速度（$v_c>80$ m/min）。

4．切削用量中对车刀寿命影响

对车刀寿命影响最大的是切削速度，其次是进给量，影响最小的是背吃刀量。要提高刀具的寿命，应当在一定的背吃刀量与进给量条件下选用切削速度。

5．切削用量中对断屑影响

对断屑影响最大的是进给量，其次是背吃刀量和切削速度。

技能训练内容

（1）切削用量三要素的名称、有关公式及计算。

（2）计算毛坯直径为 50 mm，一刀车削至 46 mm，其背吃刀量为多少 mm？在 CA6136 车床上中滑板应进格多少？

(3) 简述粗、精加工切削用量的选择。

技能训练评价

课题名称	切削用量及选择		课题开展时间		指导教师	
学生姓名		分组组号				
操作项目	活 动 实 施		技 能 评 价			
			优秀	良好	及格	不及格
切削用量三要素	背吃刀量 a_p 的公式及计算					
	进给量 f 的含义及单位					
	切削速度 v_c 的公式及计算					
切削用量选择	粗加工时 a_p、f、v_c 的选择					
	精加工时 a_p、f、v_c 的选择					

学习体会与交流

在加工中能否合理选择切削用量。

任务三　图纸分析

任务目标

(1) 能根据图纸正确分析加工内容、技术要求。
(2) 能根据图纸合理安排加工步骤。
(3) 能掌握形位公差的符号表示。
(4) 能理解表面粗糙度的代号及意义。

知识内容

分析普车图纸如图 3-5 所示。

一、分析加工内容

每一个工件都有两端需要处理,故车端面必不可少。每一个工件都离不开外圆的加工。由图纸可见,每个轴间都进行了处理,这称为车倒角。

由上面分析可知,本图加工内容有车端面、车外圆、车倒角。

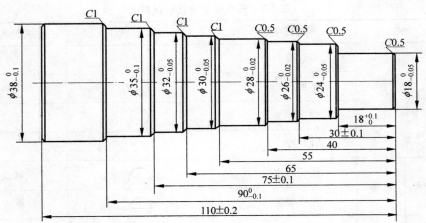

技术要求:
1. 不准使用砂布、锉刀、油石加工和修饰工件。
2. 表面粗糙度均为6.3μm。
线性尺寸的未注极限偏差数值:
0.5~6、±0.1,>6~30、±0.2,>30~120、±0.3

图 3-5　普车图纸

二、分析技术要求

1. 尺寸精度

(1) 直径尺寸。直径尺寸的标注如 $\phi 38_{-0.1}^{0}$mm。此标注中,ϕ 为直径的表示符号,38 为基本尺寸,0 为上偏差,−0.1 为下偏差。

合格尺寸的判别是:(基本尺寸＋下偏差)得到的数值——(基本尺寸＋上偏差)得到的数值,两值之间(包括两值)的所有尺寸都是合格尺寸。

所以 $\phi 38_{-0.1}^{0}$mm 的合格尺寸为:ϕ37.9~38mm 之间的所有尺寸,单位都默认为 mm。以后不再说明。

(2) 长度尺寸。长度尺寸标注如 110mm±0.2mm。此标注中,110 为基本尺寸,＋0.2 为上偏差,−0.2 为下偏差。

合格尺寸的判别同直径合格尺寸的判别。

(3) 自由公差。如图 3-5 中的长度尺寸 65mm、55mm 等,在图纸的下方技术要求中给出提示。

2. 形状公差

形状公差包括圆度、圆柱度、直线度、平面度等,图 3-5 中没有形状公差要求。

3. 位置公差

位置公差包括同轴度、平行度、垂直度、径向圆跳动和端面圆跳动等。图 3-5 中没有位置公差要求。形位公差特征项目符号如表 3-1 所示。

表 3-1 形位公差特征项目符号

公　差		特征项目	符　号	有或无基准要求
形状		直线度	—	无
		平面度	▱	无
		圆度	○	无
		圆柱度	⌭	无
形状或位置	轮廓	线轮廓度	⌒	有或无
		面轮廓度	⌓	有或无
位置	定向	平行度	∥	有
		垂直度	⊥	有
		倾斜度	∠	有
	定位	位置度	⊕	有或无
		同轴(同心)度	◎	有
		对称度	⹀	有
	跳动	圆跳动	↗	有
		全跳动	↗↗	有

4. 表面粗糙度

在普通车床上车削金属材料时,表面粗糙度可达 $0.8\sim1.6\mu m$。本图中对表面粗糙度也没有要求。在满足功能要求的前提下,表面粗糙度就尽量选择较大数值的。

表面粗糙度代号及意义如表 3-2 所示。

表 3-2 表面粗糙度代号及意义

代　号	意　义
3.2/	用任何方法获得的表面粗糙度,Ra 的最大允许值为 $3.2\mu m$
3.2/	用去除材料的方法获得的表面粗糙度,Ra 的最大允许值为 $3.2\mu m$
3.2/	用不去除材料的方法获得的表面粗糙度,Ra 的最大允许值为 $3.2\mu m$
3.2 1.6/	用去除材料的方法获得的表面粗糙度,Ra 的最大允许值为 $3.2\mu m$,Ra 的最小允许值为 $1.6\mu m$

5. 其他技术要求

其他技术要求指在图纸上写明的技术要求。

6. 表面粗糙度 Ra

表面粗糙度 Ra 是指评定轮廓的算术平均偏差。

评定轮廓的算术平均偏差 Ra 是指在一个取样长度内纵坐标 Y 绝对值的算术平均值,记为 Ra,如图 3-6 所示。Ra 值的大小能客观地反映被测表面微观几何特性,Ra 越小,说明被测表面微小峰谷的幅度越小,表面越光滑;反之,说明被测表面越粗糙。Ra 值是用触针式电感轮廓仪测得的,受触针半径和仪器测量原理的限制,适用于 Ra 值在 0.025~6.3 μm 的表面。

$$Ra = \frac{1}{n}\sum_{i=1}^{n}|y_i|$$

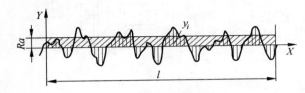

图 3-6　表面粗糙度图示

三、分析加工步骤

长棒料直径尺寸:φ40mm。

工件总长 110mm,故装夹工件后应伸出 120mm 左右。

工件的端面与外圆都要进行处理,此时应先车端面,再车外圆。

由于伸出较长,为增加工件刚性,可采用一夹一顶的装夹方法。

基于以上分析采取加工工艺如下:

(1) 三爪卡盘夹持工件,伸出 20mm 左右。

(2) 车端面,钻中心孔(A 型中心孔)(中心钻、中心钻夹、后顶尖如图 3-7 所示)。

(3) 采用一夹一顶的装夹方式进行装夹。伸出 120mm 左右。

(4) 以端面为基准,粗车外圆 φ39mm 至卡

爪处(注意长度要大于 110mm)。

(5) 粗车外圆 φ36mm,长 90mm。

(6) 粗车外圆 φ33mm,长 75mm。

(7) 粗车外圆 φ31mm,长 65mm。

(8) 粗车外圆 φ29mm,长 55mm。

(9) 粗车外圆 φ27mm,长 40mm。

(10) 粗车外圆 φ25mm,长 30mm。

(11) 粗车外圆 φ19mm,长 18mm。

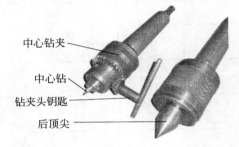

中心钻夹

中心钻

钻夹头钥匙

后顶尖

图 3-7　中心钻

（12）依次精车外圆 $\phi 38_{-0.1}^{0}$ mm、$\phi 35_{-0.1}^{0}$ mm、$\phi 32_{-0.05}^{0}$ mm、$\phi 30_{-0.05}^{0}$ mm、$\phi 28_{-0.02}^{0}$ mm、$\phi 26_{-0.02}^{0}$ mm、$\phi 24_{-0.05}^{0}$ mm、$\phi 18_{-0.05}^{0}$ mm 合格。

（13）依次车 8 处倒角合格。

四、钻中心孔

要用一夹一顶装夹工件，必须先在工件一端或两端的端面上加工出合适的中心孔。

1．中心孔和中心钻的类型

国家标准规定中心孔有 A 型（不带护锥）、B 型（带护锥）、C 型（带护锥和螺纹）和 R 型（弧形）4 种。各中心孔的形状如图 3-8 所示，其各部分的尺寸如表 3-3 所示。

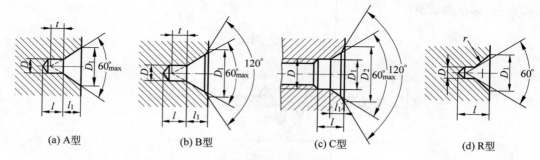

(a) A型　　　(b) B型　　　(c) C型　　　(d) R型

图 3-8　中心孔的形状

表 3-3　中心孔的尺寸

A 型							
D	D_1	参 考		D	D_1	参 考	
		l_1	t			l_1	t
(0.50)	1.06	0.48	0.5	2.50	5.30	2.42	2.2
(0.63)	1.32	0.60	0.6	3.15	6.70	3.07	2.8
(0.80)	1.70	0.78	0.7	4.00	8.50	3.90	3.5
(1.00)	2.12	0.97	0.9	(5.00)	10.60	4.85	4.4
(1.25)	2.65	1.21	1.1	6.30	13.20	5.98	5.5
1.60	3.35	1.52	1.4	(8.00)	17.00	7.79	7.0
2.00	4.25	1.95	1.8	10.00	21.20	9.70	8.7
B 型							
D	D_1	参 考		D	D_1	参 考	
		l_1	t			l_1	t
1.00	3.15	1.27	0.9	4.00	12.50	5.05	3.5
(1.25)	4.00	1.60	1.1	(5.00)	16.00	6.41	4.4
1.60	5.00	1.99	1.4	6.30	18.00	7.36	5.5
2.00	6.30	2.54	1.8	(8.00)	22.40	9.36	7.0
2.50	8.00	3.20	2.2	10.00	28.00	11.66	8.7
3.15	10.00	4.03	2.8				

C 型										
D	D_1	D_2	参 考		D	D_1	D_2	参 考	
			l	l_1				l	l_1
M3	3.2	5.8	2.6	1.8	M10	10.5	16.3	7.5	3.8
M4	4.3	7.4	3.2	2.1	M12	13.0	19.8	9.5	4.4
M5	5.3	8.8	4.0	2.4	M16	17.0	25.3	12.0	5.2
M6	6.4	10.5	5.0	2.8	M20	21.0	31.3	15.0	6.4
M8	8.4	13.2	6.0	3.3	M24	25.0	38.0	18.0	8.0

R 型									
D	D_1	l_{min}	r		D	D_1	l_{min}	r	
			max	min				max	min
1.00	2.12	2.3	3.15	2.50	4.00	8.50	8.9	12.50	10.00
(1.25)	2.65	2.8	4.00	3.15	(5.00)	10.60	11.2	16.00	12.50
1.60	3.35	3.5	5.00	4.00	6.30	13.20	14.0	20.00	16.00
2.00	4.25	4.4	6.30	5.00	(8.00)	17.00	17.9	25.00	20.00
2.50	5.30	5.5	8.00	6.30	10.00	21.20	22.5	31.50	25.00
3.15	6.70	7.0	10.00	8.00					

注: 1. A 型、B 型的尺寸 l 取决于中心钻的长度,此值不应小于 i 值。

2. 括号内的尺寸尽量不采用。

2. 中心孔的作用

(1) A 型中心孔(由 A 型中心钻加工而成)。它由圆柱部分和圆锥部分组成,圆锥孔为 60°,一般用于不需多次安装或不保留中心孔的零件。

(2) B 型中心孔(由 B 型中心钻加工而成)。它是在 A 型中心孔的端部多了一个 120°的圆锥孔,目的是保护 60°锥孔不使其敲毛碰伤。一般适用于多次装夹的零件。

(3) C 型中心孔(由 C 型中心钻加工而成)。其外端形似 B 型中心孔,里端有一个比圆柱孔还要小的内螺纹用于工件之间的紧固连接。

(4) R 型中心孔(由 R 型中心钻加工而成)。它是将 A 型中心孔的圆锥母线改为圆弧线,以减少中心孔与顶尖的接触面积,减少摩擦力,提高定位精度。

(5) 圆柱部分作用。储存润滑油,保护顶针尖,使顶针与锥孔配合贴切。圆柱部分的直径就是中心钻的公称尺寸。

(6) 应用最为广泛的中心孔为 A 型中心孔。

3. 钻中心孔

(1) 校正尾座中心。启动车床,使主轴带动工件回转的方法。移动尾座,使中心钻接近工件端面,观察中心钻头部是否与工件回转中心一致,校正并紧固尾座。

（2）切削用量的选择和钻削。由于中心钻直径小，钻削时应取较高的转速（一般取 $900\sim1120\mathrm{r/min}$）。进给量应小而均匀（一般为 $0.05\sim0.2\mathrm{mm/r}$）。手摇尾座手轮时切勿用力过猛，当中心钻钻入工件后应及时加切削液冷却、润滑；中心孔钻好后，中心钻在孔中应稍作停留，然后退出，以修光中心孔，提高中心孔的形状精度和表面质量。

（3）机床钻中心孔时的质量分析。由于中心钻的直径较小，钻中心孔时极易出现各种问题。

五、钻中心孔时容易产生的问题和注意事项

1．中心钻折断的原因

（1）工件端面留有小凸头，使中心钻发生偏斜。
（2）中心钻未对准工件的旋转中心。
（3）移动尾座不小心时撞断。
（4）转速太低，进给量太大。
（5）铁屑阻塞或中心钻磨损。

2．中心钻钻偏或钻得不圆

（1）工件弯曲未校正，使中心孔与外圆产生偏差。
（2）紧固力不足，工件移动；其次工件太长，旋转时在离心力作用下，造成中心孔不圆。
（3）中心孔钻得太深，顶针不能与锥孔接触，影响加工质量。
（4）中心钻圆柱部分修磨后变短，造成顶尖与中心孔底部相撞，从而影响质量。

技能训练内容

根据上面提示，对普车图纸图 3-9 及图 3-10 进行分析，并写出书面报告。

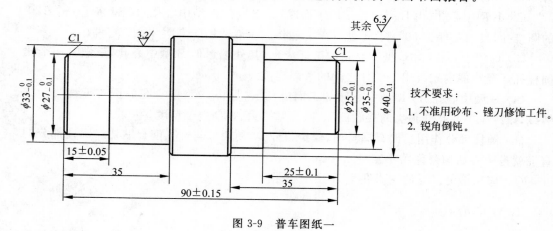

图 3-9　普车图纸一

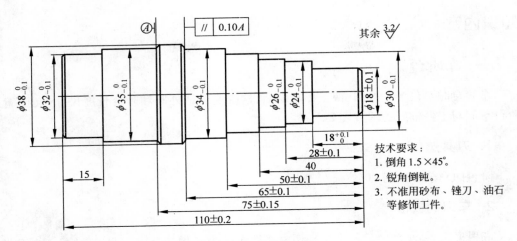

$\textcircled{4}$ $\boxed{\ //\ |\ 0.10\ A}$ 其余 $\sqrt{\frac{3.2}{}}$

$\phi 38^{0}_{-0.1}$ $\phi 32^{0}_{-0.1}$ $\phi 35^{0}_{-0.1}$ $\phi 34^{0}_{-0.1}$ $\phi 26^{0}_{-0.1}$ $\phi 24^{0}_{-0.1}$ $\phi 18\pm 0.1$ $\phi 30^{0}_{-0.1}$

$18^{+0.1}_{0}$

28 ± 0.1

40

50 ± 0.1

65 ± 0.1

75 ± 0.15

110 ± 0.2

15

技术要求：
1. 倒角 $1.5\times 45°$。
2. 锐角倒钝。
3. 不准用砂布、锉刀、油石等修饰工件。

图 3-10　普车图纸二

技能训练评价

课题名称	图纸分析		课题开展时间		指导教师		
学生姓名	分组组号						
操作项目	活 动 实 施		技 能 评 价				
			优秀	良好	及格	不及格	
图 3-8、图 3-9 分析	加工内容分析						
	技术要求分析						
	加工工艺分析						
其他	形位公差的主要区别						

学习体会与交流

课下查找中心钻的形状及防止折断的措施。

任务四　车阶台和倒角

（1）了解控制阶台长度的方法。
（2）掌握用床鞍上的刻度盘控制阶台长度。
（3）学会车倒角。

知识内容

一、车阶台

车阶台时不仅要车外圆,而且要车端面,这既要保证外圆和阶台长度尺寸,又要满足阶台平面与工件轴线的垂直度要求。

1. 刀具选择

阶台的车削常采用90°外圆车刀。

2. 车刀的安装

应根据粗、精车和余量的多少来调整。粗车时为了增加背吃刀量,减小车刀的压力,车刀安装时主偏角可小于90°(一般为85°～90°)。精车时为了保证工件阶台端面与工件轴线的垂直度,应取主偏角大于90°(一般为93°左右)。

3. 车阶台的方法

车阶台时,一般分为粗车和精车。粗车阶台时,只需要为第1个阶台留出长度方向的精车余量,其实际车削长度比规定长度略短,将第1个台阶精车至要求的尺寸后,第2个台阶的精车余量自动生成,以此类推,直至各台阶精车至要求的尺寸。另外,精车时,在机动进给精车外圆至接近阶台时,断开机动进给,改由手动进给车至阶台面,并在车至阶台面时,将纵向进给变为横向进给,移动中滑板由里向外车阶台平面,以确保对轴线的垂直度要求。

车削相邻两个直径相差不大的低阶台时,可选90°右偏刀,由外圆和阶台端面直接车出;车削相邻两个直径相差较大的高阶台时,可选小于90°的偏刀,安装后的实际主偏角应取90°(一般为93°左右)。

二、控制阶台长度的方法

控制阶台长度的方法通常有以下几种。

1. 刻线法

刻线法是先用钢直尺或样板量出台阶的长度尺寸,用车刀刀尖在台阶的所在位置处划出一条细痕,然后再车削。

2. 挡铁定位控制法

在成批生产台阶轴时,为了准确、迅速地掌握台阶长度,可用挡铁来控制。

3. 刻度盘控制法

阶台长度尺寸要求较低时,可直接用床鞍刻度盘控制;台阶长度尺寸要求较高且长度较短时,可用小滑板刻度盘控制。

三、用床鞍刻度盘控制阶台长度的步骤

(1)摇动手柄使 90°车刀的主切削刃与工件端面平齐。

(2)调整床鞍刻盘至"0"刻度。

(3)根据车削台阶长度计算出车削时刻度盘应该转过的格数。刻度盘应该转过的格数等于车削阶台长度/床鞍刻度盘数值。

例如,在 CA6136 车床上,车削阶台长度 65mm 时。床鞍刻度盘应进格:65mm/0.5mm＝130 格。

> **注意:**在用床鞍刻度盘控制阶台长度的过程中,小滑板手柄要保持原位置不动。

四、车倒角

1. 倒角

工件加工后,在端面与回转面相交处还存在尖角和小毛刺。为方便零件的使用,常采用倒角和锐边倒钝的方法去除尖角和毛刺。

2. 刀具选择

45°弯头车刀、60°尖刀、30°螺纹刀等都可车削倒角,使用时根据要求选择不同的刀具。在没有具体要求的情况下,倒角一般选用 45°车刀加工。例如:

车削 1×45°的倒角时,选择 45°弯头车刀。

车削 1×30°的倒角时,选择 60°尖刀。

车削 1.5×15°的倒角时,选择 30°螺纹刀。

在倒角 1.5×15°的标注中,前面的数值 1.5 为倒角量,15°为斜边与直径方向间的夹角。

3. 车削倒角

$$滑板进格＝\frac{倒角量}{刻度盘刻数值}$$

例如,在 CA6136 车床上车削标注 $C1$ 或 $\alpha×45°$ 的倒角及去毛刺、倒棱时,均可选择 45°车刀,采用不同的加工方法。

(1)用床鞍加工应进格:倒角量/0.5。车削 $C1$ 倒角时应进 2 格。

(2)用中滑板加工应进格:倒角量/0.02。车削 $C1$ 倒角时应进 50 格。

(3)用小滑板加工应进格:倒角量/0.05。车削 $C1$ 倒角时应进 20 格。

为减小误差,车此类倒角时最好采用中滑板加工。

加工中,若图样对倒角未作特殊的说明,为去除尖角和毛刺,一般也要车很小的倒角,即 $C0.2$ 左右,或者用锉刀修锉尖角与毛刺。

车削 1×30°倒角时,选择 60°尖刀,用床鞍或小滑板车削。

车削 1.5×15°倒角时,选择 30°螺纹刀,用床鞍或小滑板车削。

技能训练内容

（1）对普车图纸（见图 3-5、图 3-9、图 3-10）进行车削加工。

（2）加工后的零件保留待用。

技能训练评价

课题名称	车阶台和倒角		课题开展时间		指导教师	
学生姓名		分组组号				
操作项目	活 动 实 施		技 能 评 价			
			优秀	良好	及格	不及格
普车图纸	车端面					
	车外圆					
	车阶台时长度的控制					
	车倒角					

学习体会与交流

怎样提高切削效率及表面质量？

任务五 车床卡盘扳手的制作

任务目标

（1）巩固车削基本内容操作。

（2）提高车床操作技能。

（3）增强学生学习兴趣。

知识内容

（1）端面车削。

（2）外圆车削。

（3）倒角车削。

（4）尺寸精度的控制。

（5）表面粗糙度的控制。

（6）粗、精加工切削用量的选择。

技能训练内容

对图 3-11 进行切削加工。

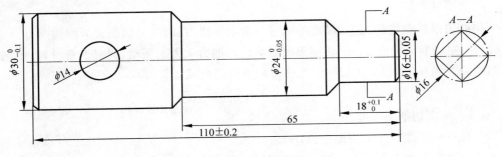

图 3-11　卡盘扳手

其中 $\phi14mm$ 的孔及右端的方榫需由钳工完成。其余部分在车床上完成。

该零件也可由图 3-4、图 3-5 和图 3-10 修改而成。

技能训练评价

课题名称	车床卡盘扳手的制作		课题开展时间		指导教师	
学生姓名		分组组号				
操作项目	活 动 实 施		技 能 评 价			
			优秀	良好	及格	不及格
图 3-10 实践	车床操作动作熟练程度					
	任务完成情况					
图 3-4、图 3-5 和 图 3-10 实践	将图 3-4、图 3-5、图 3-10 的作品改做卡盘扳手					
其他	安全操作					

学习体会与交流

交流制作卡盘扳手后的感受。

任务六　切断刀的刃磨

任务目标

(1) 学会切断刀的刃磨。

(2) 能正确安装切断刀。

知识内容

一、切断刀

切断刀以横向进给为主,前端的切削刃为主切削刃,两侧的切削刃为副切削刃。

(1)主切削刃宽度 a。主切削刃太宽会因切削力太大而振动,同时浪费材料;太窄又会削弱刀头强度。因此,主切削刃宽度可用下面的公式计算,即

$$a \approx (0.5 \sim 0.6)\sqrt{d_w}$$

式中:a——主切削刃宽度,mm;

d_w——工件待加工表面直径,mm。

(2)刀头长度 L。刀头太长也容易引起振动和使刀头折断。刀头长度可用下式计算,即

$$L = h + (2 \sim 3)\text{mm}$$

式中:L——刀头长度,mm;

h——切入深度,mm。

二、切断刀(车槽刀)的刃磨

切断刀的几何角度如图 3-12 所示。

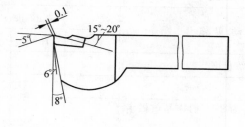

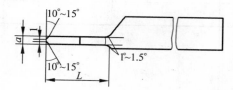

图 3-12　切断刀的几何角度

切断刀的刃磨方法如下:

(1)粗磨主后刀面。前刀面向上,主切削刃与砂轮外圆平行,刀头略向上翘 6°～8°(形成主后角),如图 3-13(a)所示。

(2)粗磨左侧副后刀面。刀头向里摆 1°～1.5°(形成副偏角),刀头略向上翘 1°～2°(形成副后角),同时磨出左侧副后角和副偏角,如图 3-13(b)所示。

（3）粗磨右侧副后刀面。刀头向里摆 $1°\sim1.5°$（形成副偏角），刀头略向上翘 $1°\sim2°$（形成副后角），同时磨出右侧副后角和副偏角。

（4）粗、精磨前刀面。同时磨出前角，如图 3-13(c)所示。

（5）采用第（1）步的方法，精磨主后刀面。

（6）采用第（2）步的方法，精磨右、左侧副后刀面。

（7）采用第（3）步的方法，精磨右侧副后刀面。

（8）修磨两侧过渡刃。

(a) 刃磨主后刀面　　　(b) 刃磨左侧副后刀面　　　(c) 刃磨前刀面

图 3-13　切断刀的刃磨

三、切断刀的安装

切断刀的安装要求如下：

（1）车断刀安装时不宜伸出过长，以增强切断刀的刚性和防止振动。

（2）车断刀的中心线必须与工件中心线垂直，保证两副偏角的对称。

（3）切断实心工件时，切断刀也必须与工件中心等高，否则车断刀的主后刀面会与工件摩擦，造成切削困难，严重时还会折断刀具。

（4）切断刀的底平面应平整，以保证两个副后角对称。

四、刃磨安全注意事项

（1）刃磨高速钢切断刀时，应随时冷却，以防退火。硬质合金刀刃磨时不能用水冷却，以防刀片碎裂。

（2）硬质合金车刀刃磨时，不能用力过猛，以防刀片烧结处产生高热脱焊，使刀片碎裂。

（3）刃磨切断刀时，不可用力过猛，以防打滑伤手。

（4）主刀刃与两侧副刀刃之间应对称平直。

技能训练内容

（1）切断刀的刃磨。

（2）切断刀的安装与试切。

技能训练评价

课题名称	切断刀的刃磨		课题开展时间		指导教师	
学生姓名		分组组号				
操作项目	活 动 实 施		技 能 评 价			
			优秀	良好	及格	不及格
切断刀的刃磨	前角(γ_o)　　20°±1°					
	主后角(α_o)　　7°±1°					
	主偏角(κ_r)　　90°±1°					
	副偏角(κ_r')　　1°～1°30′(2 处)					
	副后角(α_o')　　3°±1°(2 处)					
	主切削刃宽度(b_a)　　4mm±0.1mm					
	刀头长度(L)　　31mm					
	断屑槽半径　　R15mm±1mm					
	安全操作					
切断刀安装	切断刀安装					

学习体会与交流

交流刃磨车刀的经验。

任务七　切断和车矩形槽

任务目标

（1）掌握外沟槽的车削方法
（2）掌握外沟槽的检查与测量。

知识内容

一、切断

在切削加工中,若棒料较长,需按要求切断后再车削;或者在车削完成后把工件从原材料上切割下来。这样的加工方法叫切断。

二、切断进刀方式

(1)直进法。直进法是指垂直于工件轴线方向进给切断工件。直进法切断的效率高,但对车床、切断刀的刃磨和装夹都有较高的要求,否则容易造成切断刀折断,如图3-14(a)所示。

(2)左右借刀法。左右借刀法是指切断刀在工件轴线方向反复地往返移动;随之两侧径向进给,直至工件被切断。左右借刀法常在切削系统(刀具、工件、车床)刚度不足的情况下,用来对工件进行切断,如图3-14(b)所示。

(3)反切法。反切法是指车床主轴和工件反转,车刀反向装夹进行切削。反切法适用于较大直径工件的切断,如图3-14(c)所示。

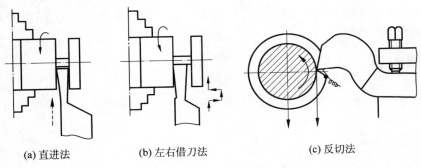

(a)直进法   (b)左右借刀法   (c)反切法

图3-14　切断工件的3种方法

三、车外沟槽

车削外圆以及轴间部分的沟槽,称为车外沟槽。常见的外沟槽有外圆沟槽、45°外沟槽、外圆端面沟槽和圆弧沟槽。

四、外圆直沟槽(矩形槽)的车削

1. 车槽时切削用量的选择

(1)背吃刀量 a_p:车槽时的背吃刀量等于车槽刀主切削刃宽度。

(2)进给 f:取 $f = 0.05 \sim 0.1$ mm/r。

(3)切削速度 v_c:取 $v_c = 30 \sim 40$ m/min。

2. 直沟槽的车削方法

车削宽度较窄的外沟槽时,可用刀头宽度等于槽宽的车刀一次直进车出。

车削较宽的外沟槽时,可以分两次车削。第一次用刀头宽度小于槽宽的车断刀粗车,在槽的两侧和底面留有精车余量;在第二次用精车至尺寸。

五、外沟槽的测量

对于精度要求较低的沟槽,可用钢直尺直接测量;对于精度要求较高的沟槽,通常用千分尺、量规和游标卡尺测量。

六、车削安全注意事项

（1）车槽刀主刀刃和轴线不平行，使车成的沟槽槽底一侧直径大，另一侧直径小，呈竹节形。

（2）用一夹一顶方法装夹工件进行切断时，在工件即将切断时，应退出车刀再敲断。

（3）不允许用两顶尖装夹工件时进行切断，以防切断瞬间工件飞出伤人。

（4）切断时，工件装夹要牢靠，排屑要顺畅，车刀要对准工件中心，防止产生断刀现象。

（5）车沟槽、切断前，应调整床鞍、中滑板、小滑板间隙，以防间隙过大产生振动和"扎刀"现象。

（6）用高速钢切断刀切断工件时，应浇注切削液；用硬质合金刀切断时，中途不准停车，以免刀刃碎裂。

技能训练内容

（1）对图 3-15 进行切削加工，加工后的零件也可改做卡盘扳手，便于应用。

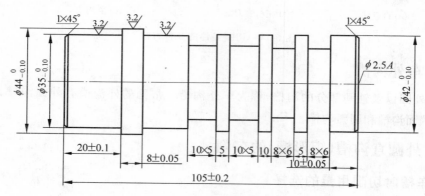

图 3-15　切槽训练图

（2）切槽训练，如图 3-16 所示。

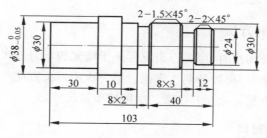

图 3-16　切沟槽训练图

技能训练评价

课题名称	切断和车矩形槽		课题开展时间		指导教师	
学生姓名		分组组号				
操作项目	活动实施		技 能 评 价			
			优秀	良好	及格	不及格
切断	下料ϕ50mm×107mm					
普车图纸图 3-15 和图 3-16	车槽的方法是否正确					
	车床操作熟练程度					
	任务完成情况					
	安全操作					

学习体会与交流

交流切槽的经验。

任务八　轴类零件综合加工及质量检测

任务目标

（1）提高综合分析加工能力。

（2）学会质量分析。

知识内容

一、**图纸分析**(见图 3-17)

1. 加工内容

车端面、车外圆、车外沟槽、车倒角。

2. 技术要求

除尺寸精度、同轴度及表面粗糙度要求外,还有其他技术要求。

3. 加工步骤

（1）三爪卡盘夹持工件,伸出 80mm 左右。

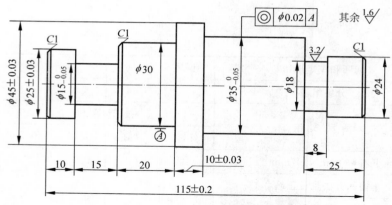

图 3-17 轴类零件综合件

（2）车端面。

（3）粗车外圆 ϕ46mm 至卡爪处；粗车外圆 ϕ36mm、长 60mm；粗车外圆 ϕ25mm、长 25mm。

（4）调头装夹工件，夹持 ϕ36mm 的外圆。

（5）车端面，控制总长。

（6）粗车外圆 ϕ31mm、长 45mm；粗车外圆 ϕ26mm、长 25mm。

（7）精车外圆 ϕ45mm±0.03mm，精车外圆 ϕ30mm 合格，精车外圆 ϕ25mm±0.03mm。

（8）切槽直径 $\phi15_{-0.05}^{\ 0}$mm，宽 15mm 合格。

（9）车倒角、倒棱。

（10）垫铜皮夹持 ϕ30mm 的外圆。

（11）精车外圆 $\phi35_{-0.05}^{\ 0}$mm，精车外圆 ϕ24mm。

（12）切外沟槽 8× ϕ18mm 合格。

（13）卸下工件测量。

二、轴类工件质量检测

图 3-17 所示为考核评分标准及记录表，如表 3-4 所示。

表 3-4 考核评分标准及记录表

项 目	序号	单项要求	单项分	评分标准	检测手段	检测结果	得分
外圆	1	ϕ25mm±0.03mm	6	超差全扣	千分尺		
	2	$\phi15_{-0.05}^{\ 0}$ mm	6	超差全扣	千分尺		
	3	ϕ30mm	6	超差全扣	游标卡尺		
	4	ϕ45mm±0.03mm	6	超差全扣	千分尺		
	5	$\phi35_{-0.05}^{\ 0}$ mm	6	超差全扣	千分尺		
	6	ϕ18mm	6	超差全扣	游标卡尺		
	7	ϕ24mm	6	超差全扣	游标卡尺		

项 目	序号	单项要求	单项分	评分标准	检测手段	检测结果	得分
长度	8	115mm±0.2mm	6	超差全扣	游标卡尺		
	9	10mm	6	超差全扣	游标卡尺		
	10	15mm	6	超差全扣	游标卡尺		
	11	20mm	6	超差全扣	游标卡尺		
	12	10mm±0.03mm	6	超差全扣	千分尺		
	13	25mm	6	超差全扣	游标卡尺		
	14	8mm	5	超差全扣	游标卡尺		
倒角	15	1×45° 3处	3	超差全扣	目测		
倒棱	16	5处	5	超差全扣	目测		
表面粗糙度	17	$Ra1.6\mu m$ 8处	8	超差全扣	目测		
	18	$Ra3.2\mu m$ 1处	1	超差全扣	目测		
安全文明生产	遵守操作规程：违反安全文明生产规程酌情扣分；发生事故得零分						

三、轴类工件的质量分析

车削轴类工件时,可能产生废品的种类、原因及预防措施,如表 3-5 所示。

表 3-5　车削轴类工件可能产生的废品种类、原因及预防措施

废品种类	产生原因	预防措施
圆度超差	车床主轴间隙太大	车削前,检查主轴间隙,并调整合适。如因轴承磨损太多,则需更换轴承
	毛坯余量不均匀,车削过程中背吃刀量发生变化	分粗、精车
	用两顶尖装夹工作时,中心孔接触不良,前后顶尖顶得不紧,前后顶尖产生径向圆跳动等	用两顶尖装夹工作时,必须松紧适当。若回转顶尖产生径向圆跳动,须及时修理或更换
圆柱度超差	用一夹一顶或两顶尖装夹时,后顶尖轴线与主轴轴线不同轴	车削前,找正后顶尖,使之与主轴轴线同轴
	用卡盘装夹工件纵向进给车削时,产生锥度是由于车床床身导轨跟主轴轴线不平行	调整车床主轴与车床导轨的平行度
	用小滑板车外圆时,圆柱度超差是由于小滑板的位置不正,即小滑板刻线与中滑板的刻线没有对准"0"线	必须先检查小滑板的刻线是否与中滑板刻线的"0"线对准
	工件装夹时悬伸较长,车削时因切削力影响使前端让开,造成圆柱度超差	尽量减少工件的伸出长度,或另一端用顶尖支承,增加装夹刚性
	车刀中途逐渐磨损	选择合适的刀具材料,或适当降低切削速度

废品种类	产 生 原 因	预 防 措 施
尺寸精度达不到要求	看错图样或刻度盘使用不当	认真看清图样尺寸要求,正确使用刻度盘,看清刻度值
	没有进行试切削	根据加工余量算出背吃刀量,进行试切削,然后修正背吃刀量
	由于切削热的影响,使工件尺寸发生变化	不能在工件温度较高时测量,如测量应掌握工件的收缩情况,或浇注切削液,降低工件温度
	测量不正确或量具有误差	正确使用量具,使用量具前必须检查和调整零位
	尺寸计算错误,槽深度不准确	仔细计算工件的各部分尺寸,对留有磨削余量的工件,车槽时应考虑磨削
	没及时关闭机动进给,使车刀进给长度超过阶台长	注意及时关闭机动进给或前提关闭机动进给,用手动进给到长度尺寸
车床表面粗糙度达不到要求	车床刚性不足,如滑板塞铁太松,传动零件(如带轮)不平衡或主轴太松引起振动	消除或防止由于车床刚性不足而引起的振动(如调整车床各部件的间隙)
	车刀刚性不足或伸出太长而引起振动	增加车刀刚性和正确装夹车刀
	工件刚性不足引起振动	增加工件的装夹刚性
	车刀几何参数不合理,如选用过小的前角、后角和主偏角	合理选择车刀(如适当增大前角,选择合理的前角、后角和主偏角)
	切削用量选用不当	进给量不宜太大,精车余量和切削速度应选择恰当

技能训练内容

对图 3-17 进行加工。加工工件注意保留,以便于后面的配合。

技能训练评价

课题名称	轴类零件综合加工及质量检测		课题开展时间		指导教师	
学生姓名		分组组号				
操作项目	活 动 实 施		技 能 评 价			
			优秀	良好	及格	不及格
切断	下料 φ50mm×117mm					
图 3-17 实践	刀具选择合理,安装正确合理					
	外圆尺寸合格程度					
	长度尺寸合格程度					
	车床操作熟练程度					
	安全操作					

学习体会与交流

如何提高工件的加工精度及表面质量?

车工技能与训练

项目 四

车套类工件

任务一　麻花钻的刃磨及钻孔

任务目标

（1）掌握麻花钻的刃磨方法及装夹。

（2）掌握钻孔时的注意事项。

知识内容

一、麻花钻的组成

麻花钻是钻孔最常用的刀具，一般用高速钢制成，它由工作部分、颈部和柄部组成，如图 4-1 所示。由于高速切削的发展，镶硬质合金的麻花钻也得到了广泛的应用。

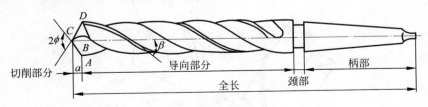

图 4-1　麻花钻的组成

1. 工作部分（导向部分）

工作部分是麻花钻的主要切削部分，由切削部分和导向部分组成。切削部分主要起切削作用；导向部分在钻削过程中起到保持钻削方向、修光孔壁的作用，同时也是切削的后备部分。

2. 颈部

直径较大的麻花钻在颈部标有麻花钻的直径、材料牌号与商标。直径较小的直柄麻花钻没有明显的颈部。

3. 柄部

麻花钻的柄部在钻削时起夹持定心和传递转矩的作用。麻花钻的柄部有直柄（见图4-2）和莫氏锥柄（见图4-3）两种。直柄麻花钻的直径一般为0.3～16mm。

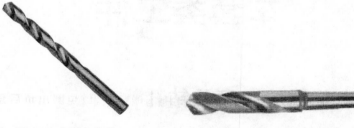

图 4-2 直柄麻花钻   图 4-3 莫氏锥柄麻花钻

二、麻花钻的刃磨

麻花钻的角度如图4-4所示，其外形如图4-5所示。麻花钻的刃磨姿势如图4-6所示。

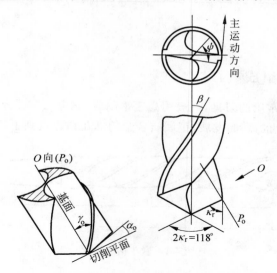

图 4-4 麻花钻的角度

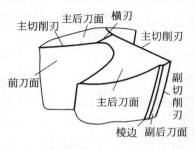

图 4-5 麻花钻的外形

图 4-6 麻花钻的刃磨姿势

麻花钻一般只刃磨两个主后面,并同时磨出顶角、后角及横刃斜角。

麻花钻的刃磨要求如下:

(1) 刃磨前应检查砂轮表面是否平整,如果不平整或有跳动,则应先对砂轮进行修整。

(2) 用右手握住麻花钻前端作为支点,左手紧握麻花钻柄部,摆正麻花钻与砂轮的相对位置,使麻花钻轴心线与砂轮外圆柱面母线在水平面内的夹角等于顶角的 1/2,同时钻尾向下倾斜。

(3) 以麻花钻前端支点为圆心,缓慢使钻头上下摆动并略带转动,同时磨出主切削刃和主后刀面。但要注意摆动与转动的幅度和范围不能过大,以免磨出负后角或将另一条主切削刃磨坏。

(4) 当一个主后刀面刃磨好后,将麻花钻转过 180°刃磨另一个主后刀面。刃磨时,人和手要保持原来的姿势。另外,两个主后刀面要经常交换刃磨,边磨边检查,直至符合要求为止。

三、刃磨操作提示

(1) 麻花钻在刃磨过程中,要经常检测。检测时可采用目测法,即把刃磨好的麻花钻垂直竖在与人眼等高的位置上,转动钻头,交替观察两条主切削刃的长短、高低及后角等。如果不一致,则必须进行修磨,直到一致为止。也可采用角度尺检测。

(2) 由于麻花钻在结构上存在很多缺点,因而在使用麻花钻时,应根据工件材料和加工要求,采用相应的修磨方法进行修磨。麻花钻的修磨主要包括横刃的修磨和前刀面的修磨。前刀面的修磨主要是外缘与横刃处前刀面的修磨。

四、麻花钻的安装

直柄麻花钻用钻夹头直接装夹,再将钻夹头的锥柄插入尾座锥孔内,锥柄麻花钻可直接或用莫氏变径套过渡插入尾座锥孔。

五、钻孔操作

钻孔前应将工件端面车平,中心处不允许留有凸头;否则不利于麻花钻的定心。找正尾座时麻花钻中心对准工件旋转中心。用细长麻花钻钻孔时,为防止麻花钻晃动,可在刀架上夹一挡铁,以支持麻花钻头部来帮助麻花钻定心。

在实体材料上钻孔,小径孔可一次钻出,若孔超过 30mm,不宜一次钻出。最好先用小直径麻花钻钻出底孔。再用大麻花钻钻出所需尺寸孔径。一般情况下,第一次麻花钻直径为第二次钻孔直径的 0.5～0.7 倍。

钻不通孔与钻通孔的方法基本相同,不同的是钻不通孔时需要控制孔的深度。具体的操作方法如下:

(1) 对于有刻度的尾座,可利用尾座套筒刻度进行控制。

(2) 对无刻度的尾座,可利用尾座手轮圈数进行控制。CA6136 型卧式车床尾座手轮每转一圈,尾座套筒伸出 5mm。

（3）可在尾座套筒上做记号来控制。

六、钻孔质量分析

钻孔时,产生废品的主要原因是孔歪斜及孔过大,产生原因及预防措施如表 4-1 所示。

表 4-1 钻孔时产生废品的原因及预防措施

废品种类	产 生 原 因	预 防 措 施
孔歪斜	工件端面不平,或与轴线不垂直	钻孔前车平端面,中心不能有凸头
	尾座偏移	调整尾座轴线与主轴轴线同轴
	刚性差,初钻时进给量过大	选用较短的钻头或用中心钻先钻导向孔;初钻时进给量要小
	钻头顶角不对称	正确刃磨钻头
孔直径过大	钻头直径选错	看清图样,仔细检查钻头直径
	钻头主切削刃不对称	仔细刃磨,使两主切削刃对称
	钻头未对准工件中心	检查钻头是否弯曲,钻夹头、钻套是否装夹正确

技能训练内容

（1）麻花钻的刃磨。根据麻花钻的角度刃磨麻花钻。
（2）麻花钻的安装。
（3）钻孔。

技能训练评价

课题名称	麻花钻的刃磨及钻孔		课题开展时间		指导教师	
学生姓名		分组组号				
操作项目	活 动 实 施		技 能 评 价			
			优秀	良好	及格	不及格
麻花钻刃磨	$2\phi=118°\pm2°$					
	$\alpha_o=12°\pm2°$					
	$\psi=55°\pm2°$					
钻孔	麻花钻安装及钻孔长度控制					
安全生产	安全操作					

学习体会与交流

如何控制钻孔的深度?

任务二　内孔车刀的刃磨及安装

（1）了解内孔车刀的几何角度。
（2）掌握内孔车刀的刃磨。
（3）能正确安装内孔车刀。

知识内容

一、内孔车刀的刃磨

内孔车刀的几何角度如图 4-7 所示。

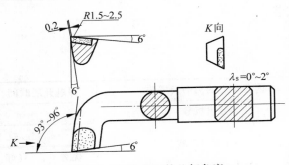

图 4-7　内孔车刀的几何角度

内孔车刀的刃磨步骤：粗磨前刀面—粗磨主后刀面—粗磨副后刀面—刃磨卷屑槽（控制前角和刃倾角）—精磨主后刀面和副后刀面—磨过渡刃。

（1）粗磨前刀面。左手握住刀头，右手握住刀柄，主后刀面朝上，左右移动刃磨。

（2）粗磨主后刀面。左手握刀头，右手握刀柄，前刀面朝上，主后刀面接触砂轮，左右移动刃磨。

（3）粗磨副后刀面。右手握刀头，左手握刀柄，前刀面向上，副后刀面接触砂轮，左右移动刃磨。

（4）刃磨卷屑槽。右手握刀头，左手握刀柄，前刀面接触砂轮，上下移动刃磨。

（5）精磨前刀面、主后刀面、副后刀面。

（6）修磨刀尖圆弧。右手握刀头，左手握刀柄，前刀面向上，以右手为圆心，摆动刀柄，修磨刀尖圆弧。

二、车刀刃磨的注意事项

（1）卷屑槽前，应先修整砂轮边缘处，使之成为小圆角。

（2）卷屑槽不能磨得太宽，以防车孔时排屑困难。

65

项目四　车套类工件

三、内孔车刀的装夹

为保证加工的安全和产品质量,内孔车刀安装时应注意以下事项。

（1）利用尾座顶尖使内孔车刀刀尖对准工件中心。

（2）刀杆应与内孔轴心线基本平行。

（3）刀杆伸出长度尽可能短一些,一般比被加工孔长 5～10mm。

（4）对于不通孔车刀,则要求其主切削刃与平面成 3°～5° 的夹角,横向应有足够的退刀余地。

（5）车孔前应先把内孔车刀在孔内试走一遍,以防止车到一定深度后刀柄与孔壁相碰。

技能训练内容

（1）刃磨内孔车刀。

（2）内孔车刀安装。

技能训练评价

课题名称	内孔车刀的刃磨及安装		课题开展时间		指导教师	
学生姓名		分组组号				
操作项目	活 动 实 施		技 能 评 价			
			优秀	良好	及格	不及格
内孔车刀刃磨	前角(γ_o)　6°±1°					
	后角(α_{o1})　10°±1°					
	后角(α_{o2})　28°±1°					
	主偏角(κ_r)　94°±1°					
	副偏角(κ_r')　6°±1°					
	副后角(α_o')　6°±1°					
	刃倾角(λ_s)　0°～−2°					
	断屑槽半径(r_{Bn})　R1.5～2.5mm					
	侧前角(γ_f)　−5°～−6°					
	倒棱宽(b_r)　0.20～0.30mm					
内孔车刀安装	要求安装正确,动作利落					
安全生产	安全操作					

学习体会与交流

交流刃磨内孔车刀的感受。

任务三　内测千分尺及内径百分表的识读与使用

知识内容

一、内测千分尺

1. 内测千分尺的外形

内测千分尺的外形如图 4-8 所示。

图 4-8　5～30mm 内测千分尺

这种千分尺刻线方向与外径千分尺相反，当顺时针方向旋转微分筒时，活动爪向右移动，测量值增大，用于测量孔径小于 30mm 以下的孔。

2. 内测千分尺的使用方法

（1）测量前应先清洁测量面，并校准零位。

（2）内径千分尺在测量及其使用时，必须用尺寸最大的接杆与其测微头连接，依次顺接到测量触头，以减少连接后的轴线弯曲。

（3）测量时应看测微头固定和松开时的变化量。

（4）在日常生产中，用内径尺测量孔时，将其测量触头测量面支承在被测表面，调整微分筒，使微分筒一侧的测量面在孔的径向截面内摆动，找出最小尺寸。然后拧紧固定螺钉取出并读数，也有不拧紧螺钉直接读数的。这样就存在着姿态测量问题。

（5）锁紧装置，锁紧是顺时针方向，放松是逆时针方向。

（6）内径千分尺测量时支承位置要正确。接长杆的大尺寸内径尺重力变形，涉及直线度、平行度、垂直度等形位误差。

3．注意事项

（1）千分尺是精密量具，使用时要轻拿轻放，用完后在裸露部位涂上防锈油，并放进盒内，放在干燥通风的地方。

（2）测量时不能用力转动微分筒，以免损坏精度。

（3）微分筒不要向右移动超过 25.5mm，以免损坏千分尺及其精度。

（4）不要试图拆下千分尺的零部件，以免造成损坏而不能使用。

（5）两测量面上有硬质合金，测量时不能过分地调整千分尺的位置，这样容易损坏测量面和引起测量不正确。

二、内径百分表

内径百分表的外形如图 4-9 所示，其主要用于测量精度要求较高而且较深的孔。

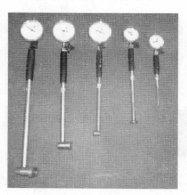

图 4-9　内径百分表外形

内径百分表是将测头的直线位移变为指针的角位移的计量器具。用比较测量法完成测量，用于不同孔径的尺寸及其形状误差的测量。

1．使用前检查

（1）检查表头的相互作用和稳定性。

（2）检查活动测头和可换测头表面是否光洁、连接是否稳固。

2．读数方法

测量孔径、孔轴向的最小尺寸为其直径，测量平面间的尺寸，任意方向内均最小的尺寸为平面间的测量尺寸。

百分表测量读数加上零位尺寸即为测量数据。

3．正确使用

（1）把百分表插入量表直管轴孔中，压缩百分表一圈，紧固。

（2）选取并安装可换测头，紧固。

（3）测量时手握隔热装置。

（4）据被测尺寸调整零位。

用已知尺寸的环规或千分尺调整零位，如图 4-10 所示，以孔轴向的最小尺寸或平面间任意方向内均最小的尺寸对零位，然后反复测量同一位置 2～3 次后检查指针是否仍与零线对齐，如不齐则重调。为读数方便，可用整数来定零位位置。

（5）测量时，摆动内径百分表，找到轴向

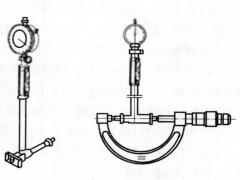

图 4-10　用千分尺调整内径百分表

平面的最小尺寸(转折点)来读数。

(6) 测杆、测头、百分表等配套使用,不要与其他表混用。

4. 内径百分表左边是正

当指针正好在零刻线处,说明被测孔径与标准孔径相等。若指针顺时针方向离开零位,表示被测孔径小于标准环规的孔径;指针逆时针方向离开零位时,表示被测孔径大于标准环规的孔径。左为正。

技能训练内容

(1) 用内测千分尺测量工件内孔直径,读出数值。
(2) 用内径百分表测量工件内孔直径,读出数值。

技能训练评价

课题名称	内测千分尺及内径百分表的识读与使用		课题开展时间			指导教师	
学生姓名		分组组号					
操作项目	活动实施		技 能 评 价				
			优秀	良好	及格	不及格	
内测千分尺及内径百分表识读与使用	用内测千分尺测量工件内孔直径						
	用内测百分表测量工件内孔直径						
	工具使用操作规范程度						

学习体会与交流

交流使用内测千分尺与内径百分表测量内径的经验。

任务四 车内孔

任务目标

(1) 掌握车内孔的方法。
(2) 学会内孔工件的加工。

知识内容

一、车孔的关键技术

车孔的关键技术是解决内孔车刀的刚性和排屑问题。

1．提高内孔车刀刚性的措施

（1）尽量增加刀杆的截面积，使内孔车刀的刀尖位于刀柄的中心线上，刀柄在孔中的截面积可大大增加。

（2）尽可能缩短刀柄的伸出长度，以增加车刀刀柄刚性，减小切削过程中的振动。此外，还可将刀柄上下两个平面做成互相平行，这样就能很方便地根据孔深调整刀柄伸出的长度。

2．解决排屑问题

其主要是控制排屑方向。

（1）精车时要求切屑流向待加工表面，采用正值刃倾角。

（2）盲孔加工时采用负值刃倾角，让切屑从孔口排出。

二、车内孔的方法

1．车直孔

车直孔如图 4-11（a）所示。

（1）直通孔的车削基本上与车外圆相同，只是进刀和退刀的方向相反。

（2）车孔时的切削用量要比车外圆时适当减小，特别是车小孔或深孔时，其切削用量应更小。

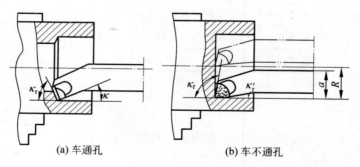

(a) 车通孔　　　　　　　　　(b) 车不通孔

图 4-11　车内孔

2．车阶台孔

（1）车直径较小的阶台孔时，由于观察困难而尺寸精度不易掌握。采用粗、精车小孔再粗、精车大孔。

（2）车大的阶台孔时，在视线不受影响的情况下，一般先粗车大孔和小孔，再精车小孔和大孔。

（3）车削孔径尺寸相差较大的阶台孔时，最好采用主偏角小于 90°的车刀先粗车，然后用内偏刀精车。

（4）控制车孔深度的方法通常采用粗车时在刀柄上刻线作记号或用床鞍刻盘来控制等。精车时需用小滑板刻度盘或深度尺来控制孔深。

3．车盲孔

车刀刀尖必须对准工件旋转中心，否则不能将孔底车平。

车刀刀尖到刀杆外端的距离 a 应小于内孔半径 R。如图 4-11(b) 所示，否则不能将孔底车平。

车盲孔的步骤如下：

（1）粗车盲孔。

（2）车端面、钻中心孔。

（3）钻底孔。

（4）对刀。

（5）用中滑板刻度控制背吃刀量，车削平底孔时要防止车刀与孔底面碰撞。

（6）精车盲孔。精车时用试车削的方法控制孔径尺寸。

技能训练内容

（1）车内孔训练。

（2）车直孔，如图 4-12 所示，加工后的零件与图 3-17 所示的零件配合。

（3）车阶台孔，如图 4-13 所示。

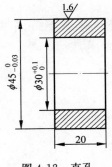

图 4-12 直孔

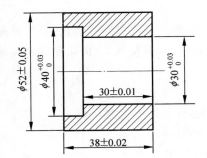

图 4-13 阶台孔

技术要求：
1. 锐角倒钝。
2. 不准用砂布、锉刀、油石等修饰。

技能训练评价

课题名称		车内孔		课题开展时间		指导教师	
学生姓名		分组组号					
操作项目		活动实施		技能评价			
				优秀	良好	及格	不及格
车内孔		车内孔的基本操作					
图 4-12、图 4-13 实践		车端面、钻中心孔、钻孔、车内孔					
		车外圆、倒角、切断					
		车端面、倒角					
		安全操作					

学习体会与交流

提高内孔表面质量的措施。

任务五 圆柱配合件的加工

任务目标

(1) 学会配合件的加工。
(2) 提高车床操作能力。

知识内容

一、毛坯尺寸

毛坯尺寸为 $\phi55mm\times145mm$。

二、分析图 4-14

(1) 加工内容：车端面，钻中心孔、钻内孔、切断、车外圆、车外沟槽、车倒角、车内孔。
(2) 技术要求：尺寸精度、位置精度、表面粗糙度及其他技术要求。
(3) 加工步骤。

件 2 加工：

① 自定心卡盘夹持工件，伸出 40mm 左右。
② 车端面，钻中心孔，钻孔。
③ 粗、精车外圆 $\phi52mm\pm0.05mm$。
④ 切槽 $\phi40mm\pm0.05mm$，宽 $12mm\pm0.03mm$ 合格。
⑤ 留余量切断。

件 1 加工：

① 自定心卡盘夹持工件，伸出 50mm 左右。
② 车端面。
③ 粗车外圆 $\phi53mm$ 至卡爪处（长度大于 43mm）。
④ 粗车外圆 $\phi36mm$，长 32mm。
⑤ 调头装夹工件，夹持 $\phi36mm$ 的外圆。
⑥ 车端面，控制总长。
⑦ 粗车外圆 $\phi41mm$，长 63mm。
⑧ 粗车外圆 $\phi31mm$，长 55mm。
⑨ 粗车外圆 $\phi25mm$，长 25mm。
⑩ 依次精车外圆 $\phi40_{-0.05}^{0}mm$、$\phi30_{-0.05}^{0}mm$、$\phi24mm$。

⑪ 切槽 $\phi18$mm,宽 5mm 合格。

⑫ 倒角 C1 两处,C2 一处,倒棱。

⑬ 调头垫铜皮夹持 $\phi30_{-0.05}^{\ 0}$mm 的外圆。

⑭ 精车外圆 $\phi52$mm±0.05mm、精车外圆 $\phi35$mm。

⑮ 倒棱。

⑯ 卸下工件测量。

件 2 再加工:

① 自定心卡盘垫铜皮夹持工件。

② 车端面,控制总长。

③ 车内孔。与件 1 配合合格。

三、套类工件的质量检测

车套类工件时,可能产生废品的种类、原因及预防措施如表 4-2 所示。

表 4-2 车套类工件时产生废品的种类、原因及预防措施

废品种类	产生原因	预防措施
孔的尺寸大小	车孔时,没有仔细测量	仔细测量和进行切削
	铰孔时,主轴转速太高,铰刀温度上升,切削液提供不足	降低主轴转速,充分加注切削液
	铰刀时,铰刀尺寸大于要求,尾座偏移	检查铰刀尺寸,校正尾座轴线,采用浮动套筒
孔的圆柱度超差	车孔时,刀杆过细,刀刃不锋利,造成让刀现象,使孔外大里小	增加刀杆刚性,保证车刀锋利
	车孔时,主轴中心线与导轨在水平面内或垂直面内不平行	调整主轴轴线与导轨的平行度
	铰孔时,孔口扩大,主要原因是尾座偏位	校正尾座,采用浮动套筒
孔的表面粗糙度值大	车孔时,内孔车刀磨损,刀杆产生振动	修磨内孔车刀,采用刚性较大的刀杆
	铰孔时,铰刀磨损或切削刃上有崩口、毛刺	修磨铰刀,刃磨后保管好,不许碰毛
	切削速度选择不当,产生积屑瘤	铰孔时,采用 5m/min 以下的切削速度,并加注切削液
同轴度、垂直度超差	用一次安装方法车削时,工件移位或机床精度不高	车间装夹牢固,减小切削用量,调整机床精度
	用软卡爪装夹时,软卡爪没有车好	软卡爪应在本车床上车出,直径与工件装夹尺寸基本相同
	用心轴装夹时,心轴中心孔碰毛,或心轴本身同轴度超差	心轴中心孔应保护好,如碰毛可研修中心孔,如心轴弯曲可校直或重置

技能训练内容

对图 4-14 所示圆柱配合件进行车削加工。

棒料尺寸:$\phi55$mm×145mm。

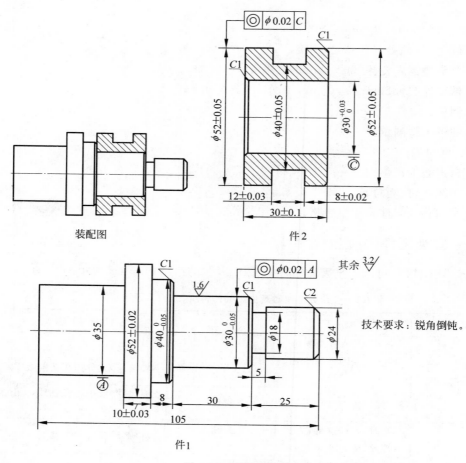

技术要求：锐角倒钝。

图 4-14　圆柱配合件

技能训练评价

课题名称	圆柱配合件的加工		课题开展时间		指导教师	
学生姓名		分组组号				
操作项目	活动实施		技　能　评　价			
			优秀	良好	及格	不及格
图 4-14 实践	下料φ55mm×145mm					
	件 2 加工					
	件 1 加工					
	件 2 加工与件 1 配合					

学习体会与交流

交流配合件的处理方法和经验。

项目 五

车圆锥工件

任务一 圆锥组成部分及计算

任务目标

（1）能描述圆锥的组成部分。

（2）会根据工件的锥度，计算小滑板的旋转角度。

（3）会根据工件的锥度，查表确定小滑板的旋转角度。

知识内容

圆锥面有外圆锥面和内圆锥面两种，外圆锥面叫圆锥体，内圆锥面叫圆锥孔。不管是外圆锥还是内圆锥，其基本参数与各部分尺寸计算都是相同的。

一、圆锥各部分的名称（见图 5-1）

（1）大端直径 D：圆锥中直径最大的。

（2）小端直径 d：圆锥中直径最小的。

（3）圆锥角：在通过圆锥轴线的截面内，两条素线之间的夹角。

（4）圆锥半角 $\alpha/2$：圆锥角的一半。

（5）圆锥长度 L：圆锥大端与圆锥小端之间的垂直距离。

（6）锥度 C：圆锥大、小端直径之差与圆锥长度的比值。

（7）斜度 $C/2$：锥度的一半。

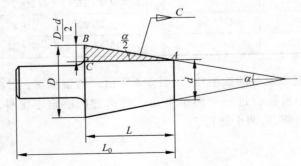

图 5-1　圆锥各部分尺寸

二、圆锥的计算

圆锥半角与 D、d、L、C 之间的关系为

$$\tan \frac{\alpha}{2} = \frac{D-d}{2L} = \frac{C}{2} \tag{5-1}$$

$$C = \frac{D-d}{L} \tag{5-2}$$

应用上面公式计算圆锥半角时，必须查三角函数表。当 $\alpha/2 < 6°$ 时，可用下列近似公式计算，即

$$\frac{\alpha}{2} = 28.7° \times \frac{D-d}{L} \tag{5-3}$$

或

$$\frac{\alpha}{2} = 28.7° \times C$$

三、车削常用锥度和标准锥度时小滑板转动角度

车削常用锥度和标准锥度时小滑板转动角度可参考表 5-1。

表 5-1　车削常用锥度和标准锥度时小滑板转动角度

名　称		锥　度	小滑板转动角度	名　称		锥　度	小滑板转动角度
莫氏锥度	0	1：19.212	1°20′27″	标准锥度	0°17′11″	1：200	0°08′36″
	1	1：20.047	1°25′43″		0°34′23″	1：100	0°17′11″
	2	1：20.020	1°25′50″		1°8′45″	1：50	0°34′23″
	3	1：19.922	1°26′16″		1°54′35″	1：30	0°57′17″
	4	1：19.254	1°29′15″		2°51′51″	1：20	1°25′56″
	5	1：19.002	1°30′26″		3°49′6″	1：15	1°54′33″
	6	1：19.180	1°29′36″		4°46′19″	1：12	2°23′09″
标准锥度	30°	1：1.866	15°		5°43′29″	1：10	2°51′45″
	45°	1：1.207	22°30′		7°9′10″	1：8	3°34′35″
	60°	1：0.866	30°		8°10′16″	1：7	4°05′08″
	75°	1：0.652	37°30′		11°25′16″	1：5	5°42′38″
	90°	1：0.5	45°		18°55′29″	1：3	9°27′44″
	120°	1：0.289	60°		16°35′32″	7：24	8°17′46″

小滑板转动角度也就是圆锥半角，如图 5-2 所示。调整步骤：①将小滑板上前、后两个螺钉松开；②将小滑板转过一个圆锥半角。转动方向决定于工件在车床上的加工位置；③紧固小滑板上前、后两个螺钉。

图 5-2　调整小滑板角度

技能训练内容

1. 根据以上所学知识计算

例如，有一圆锥，已知 $D=100\text{mm}$，$d=80\text{mm}$，$L=200\text{mm}$，求圆锥半角。

分析：根据锥度可查表知道圆锥半角，而锥度又与 D、d、L 有关。故先求锥度，再查表。

解：

$$C=\frac{D-d}{L}=\frac{100-80}{200}=\frac{1}{10}$$

查表知，圆锥半角为 $2°51'45''$。

2. 用近似公式计算上例圆锥半角

技能训练评价

课题名称	圆锥组成部分及计算		课题开展时间		指导教师	
学生姓名		分组组号				
操作项目	活 动 实 施		技 能 评 价			
			优秀	良好	及格	不及格
圆锥组成部分及计算	描述圆锥各部分的名称					
	计算圆锥半角（查表法）					
	计算圆锥半角（近似法）					

学习体会与交流

怎样调整小滑板角度？

任务二　万能角度尺的识读与使用

任务目标

（1）了解万能角度尺的结构组成。

（2）掌握万能角度尺的识读与使用。

知识内容

万能角度尺也称万能量角器，是用来测量角度与锥度的量具。这种方法测量精度不高，只适用于单件、小批量生产。故学校教学常用万能角度尺来测量工件的角度与锥度。

万能角度尺按精度可分为 5′ 和 2′ 两种。按形状可分为扇形和圆形两种形式，常用的是扇形。

一、万能角度尺的结构组成

万能角度尺的结构外形如图 5-3 所示。扇形万能角度尺的结构组成有 90°角尺、尺身、游标、制动头、基尺、直尺、卡块等。

二、万能角度尺的读数方法

万能角度尺的读数法与游标卡尺的读数方法相似，即先从尺身上读出游标零位线前面的整度数，然后在游标上读出分的数值，两者相加就是被测工件的角度数值。尺身上游标零位线前的整数读数为 69°，游标上分的读数为 42′，两者相加为 69°42′，如图 5-4 所示。

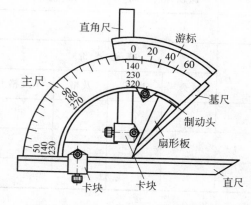

图 5-3　扇形万能角度尺的结构组成

图 5-4　万能角度尺的读数

三、万能角度尺的使用

万能角度尺可以测量 0°～320°范围内的任何角度。测量时根据工件角度的大小，选用不同的测量装置，如图 5-5 所示。测量 0°～50°的角度工件，选用图 5-6(a)的装置；测量 50°～

140°的角度工件,选用图 5-6(b)的装置;测量 140°~230°的角度工件,选用图 5-6(c)与图 5-6(d)的装置;如果将角尺与直尺都卸下,还可测量 230°~320°的角度工件,如图 5-7 所示。

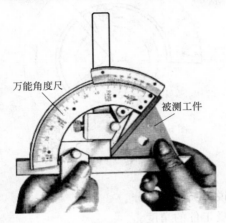

万能角度尺

被测工件

图 5-5 用万能角度尺测量工件的角度

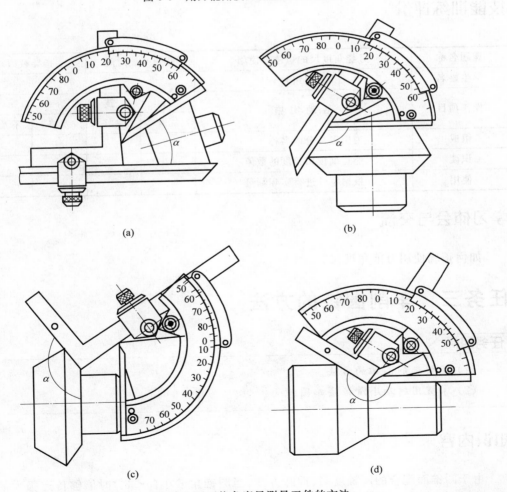

(a)

(b)

(c)

(d)

图 5-6 用万能角度尺测量工件的方法

项目五 车圆锥工件

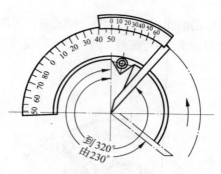

图 5-7　测量 230°～320°角度

技能训练内容

（1）根据万能角度尺说出其组成部分。

（2）用万能角度尺测量工件的角度。

技能训练评价

课题名称	万能角度尺的识读与使用		课题开展时间		指导教师	
学生姓名		分组组号				
操作项目	活动实施		技 能 评 价			
			优秀	良好	及格	不及格
组成	说出各部分的名称					
识读	能正确读出角度的数值					
使用	根据零件进行实际测量					

学习体会与交流

如何正确使用万能角度尺？

任务三　车削圆锥的方法

任务目标

（1）了解车削圆锥的方法。

（2）掌握用转动小滑板法车圆锥面。

知识内容

由于圆锥面配合的同轴度高、拆卸方便，当圆锥角较小（$\alpha<3°$）时能够传递很大的扭

矩,因此在机器制造中被广泛应用。

车外圆锥面常用的方法有转动小滑板法、偏移尾座法、仿形法及宽刃刀切削法。

车内圆锥面常用的方法有转动小滑板法、仿形法、铰削圆锥孔法。

车削较短的圆锥时采用转动小滑板法。车削时只要把小滑板转过一个圆锥的$\frac{\alpha}{2}$,使车刀的运动轨迹与所要车削的圆锥素线平行即可。

转动小滑板时一定要注意转动方向正确。

一、车削外圆锥面

1. 转动小滑板法

车削较短的圆锥时,可用转动小滑板法。车削时只要将小滑板转过一个圆锥半角$\frac{\alpha}{2}$,使车刀的运动轨迹与所要车削的圆锥素线平行即可,如图5-8所示。

2. 偏移尾座法

车削长度较长、锥度较小的外圆锥工件时,若精度要求不高,可用偏移尾座法。车削时将工件装在两顶尖指尖,把尾座横向偏移一段距离s,使工件的旋转轴线与车刀纵向进给方向相交成一个圆锥半角$\frac{\alpha}{2}$,从而车削出圆锥。用偏移尾座法车削圆锥如图5-9所示。

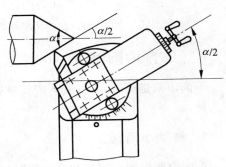

图 5-8 转动小滑板车削圆锥

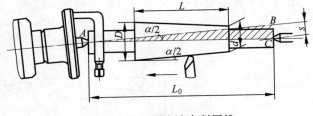

图 5-9 偏移尾座法车削圆锥

3. 仿形法

仿形法(靠模法)是刀具按仿形装置进给对工件进行车削加工的一种方法。这种方法适用于车削长度较长、精度要求较高和生产批量较大的内、外圆锥工件。仿形法车削圆锥的原理如图5-10所示。

4. 宽刃刀车削法

宽刃刀车削法实质上属于成形法。宽刃刀属于成形车刀(与工件加工表面形状相同的车刀),其刀刃必须平直,装刀后应保证刀刃与车床主轴轴线的夹角等于工件的圆锥半角。使用这种车削方法时,要求车床具有良好的刚性;否则容易引起振动。宽刃刀车削法只适用于车削较短的外圆锥。加工方法如图 5-11 所示。

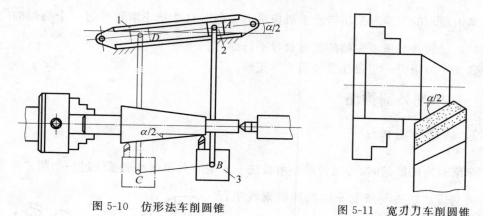

图 5-10　仿形法车削圆锥　　　　　图 5-11　宽刃刀车削圆锥

二、车削内圆锥面

车削内圆锥面时,工件安装应使锥孔大端向外,以便于加工和测量,其车削方法有以下几种。

1. 转动小滑板法

车削内圆锥面的原理和方法与车削外圆锥面相同。下面仅介绍两个实例。

(1) 车削配套锥面。车削配套锥面时,应先将外圆锥面车好,检查合格后,换上要配车锥孔的工件。在不改变小滑板的前提下,把车刀反装,使其刀刃向下,车床主轴仍正转,车削内圆锥面。由于小滑板角度不变,因此可获得较正确的配套锥面。具体方法如图 5-12 所示。

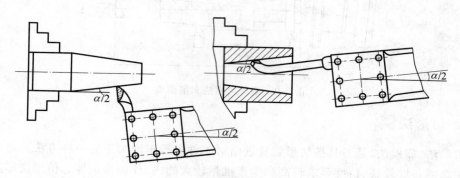

图 5-12　车削配套圆锥面

(2) 车削对称锥孔。车削时,先将右边锥孔车削合格。车刀退刀后,不改变小滑板角度,把车刀反装,再车削左边锥孔。用这种方法车削对称锥孔,能使两孔的锥度相等并可避免工件两次安装产生的误差,保证两对称孔有很高的同轴度。具体方法如图 5-13 所示。

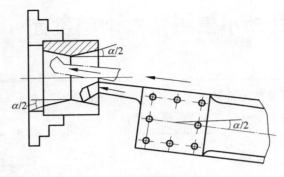

图 5-13　车削对称锥孔

2．仿形法

仿形法车削内圆锥面的原理和方法与车削外圆锥面相同。车削时只需将靠板转到与车削外圆锥面时相反的方向就可以了。

3．铰削圆锥孔

加工直径较小的圆锥孔时,因刀杆强度较差,难以达到较高的尺寸精度和较小的表面粗糙度,这时常采用锥形铰刀铰空。铰圆锥面的表面粗糙度可达 $Ra0.8\sim1.6\mu m$。

技能训练内容

（1）车削外圆锥面的方法及适用场合。
（2）车削内圆锥面的方法。
（3）配套锥面及对称锥孔的加工方法。

技能训练评价

课题名称		车削圆锥的方法		课题开展时间		指导教师	
学生姓名		分组组号					
操作项目		活动实施		技能评价			
				优秀	良好	及格	不及格
车削圆锥的方法		车削外圆锥面的方法及适用场合					
		车削内圆锥的方法					
		配套锥面及对称锥孔的加工方法					

学习体会与交流

用小滑板车圆锥面的优、缺点。

任务四　用转动小滑板法车削圆锥面

任务目标

（1）正确分析用转动小滑板法车削圆锥面的特点。
（2）掌握用转动小滑板法车削内、外圆锥面。

知识内容

一、用转动小滑板法车削圆锥面的特点

（1）角度调整范围大，可车削各种角度的圆锥。
（2）可车削内、外圆锥。
（3）在同一工件上车削不同锥角的圆锥面时，调整方便。
（4）受小滑板行程的限制，只能加工长度较短的圆锥。
（5）车削时只能手动进给，劳动强度大、生产效率低、表面粗糙度难以控制。
（6）转动小滑板车削外圆锥面。

二、刀具选择

选择 45°或 90°车刀都可以。

三、用转动小滑板法车削外圆锥面的操作步骤

（1）先按圆锥体大端直径车出外圆。
（2）根据尺寸，计算圆锥半角；转动小滑板，调整角度。
（3）对刀。在靠近端面处 3～5mm 的外圆上对刀，记住中滑板刻度或调整到一个整数，横向退刀。
（4）转动小滑板手柄，将车刀退至右端面，使车刀离开工件 3～5mm。
（5）使车刀横向进刀至对刀时的刻度，双手交替摇动小滑板手柄，对锥度进行粗车。
（6）粗车完毕，停车。用万能角度尺检测角度。
（7）根据情况调整小滑板角度，保证圆锥半角的正确。
（8）角度调整好后，利用对刀的方法进行正常加工，直至锥度车削成形。

四、转动小滑板车削内圆锥面的操作步骤

（1）车端面。
（2）选择比锥孔小端直径小 1～2mm 的麻花钻钻孔。
（3）根据尺寸，计算圆锥半角；转动小滑板，调整角度。
（4）调整背吃刀量，双手转动小滑板手柄，对锥度进行粗车。
（5）当粗车至圆锥塞规能进孔 1/2 长度时，采用涂色法，用圆锥塞规检测。
（6）根据情况调整小滑板角度，保证圆锥半角正确。

（7）角度调整好后，通过对刀对锥孔进行精车。

五、圆锥面尺寸的控制

圆锥的大、小端直径可用圆锥量规来测量。圆锥量规分塞规和套规两种，它们除了有一个精确的圆锥表面外，在端面上还分别具有一个阶台（刻线）。阶台长度 m（或刻线之间的距离）就是圆锥大小端直径的公差范围。

检验工件时，当工件的端面位于圆锥量规阶台（刻线）之间才算合格，如图 5-14 所示。

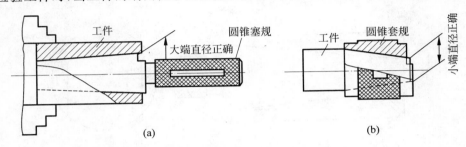

图 5-14　用圆锥量规测量

当锥度已调正确，而大端或小端尺寸还未能达到要求时，必须再车削，可用下面的方法来解决其背吃刀量，从而控制尺寸。

1．用计算法控制圆锥尺寸

如图 5-15 所示，工件端面到量规阶台（或刻线）中点的距离为 a，根据 a 可计算出车削大小端直径时的背吃刀量 a_p，从而正确车出大小端直径。a_p 可用下列公式计算，即

$$a_\mathrm{p} = a \cdot \tan \frac{\alpha}{2} = a \cdot \frac{C}{2} \tag{5-4}$$

式中：a_p——工件端面到圆锥量规阶台（刻线）的距离为 a 时的背吃刀量，mm；

$\alpha/2$——圆锥半角，$(°)$；

C——锥度。

2．用移动床鞍控制圆锥尺寸

用这个方法控制背吃刀量时，不需要计算出背吃刀量，也不是靠移动中滑板来进刀，而是靠移动床鞍来实现背吃刀量的调整。

当用转动小滑板法车削锥体时，用界限套规测出小端端面离开套规台阶中点的距离 a，如图 5-16（a）所示，将套规取下后就可以调整背吃刀量了。

用小滑板将车刀进到正好与工件小端端面接触时停止前进。然后，反向将车刀缓缓后退，边退边测量刀尖离开端面的距离，当这个距离等于 a 时，停止退刀，如图 5-16（b）所示。用纵向进给手柄移动床鞍，使刀尖与工件端面接触，背吃刀量就调好了，再用小滑板走刀，车出来的工件直径就达到了要求的尺寸，如图 5-16（c）所示。

用相同的方法，可以实现车削锥孔时对背吃刀量的控制，如图 5-16（d）、图 5-16（e）、图 5-16（f）所示。

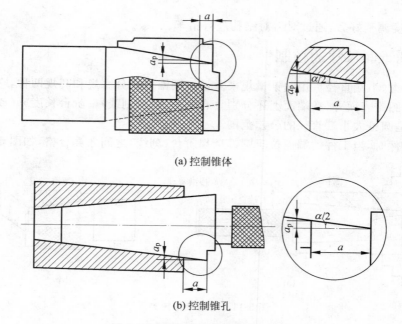

(a) 控制锥体

(b) 控制锥孔

图 5-15　用圆锥量规控制背吃刀量

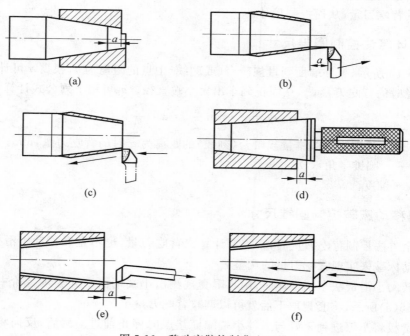

(a)

(b)

(c)

(d)

(e)

(f)

图 5-16　移动床鞍控制背吃刀量

技能训练内容

（1）车削外圆锥面，如图 5-17 所示。

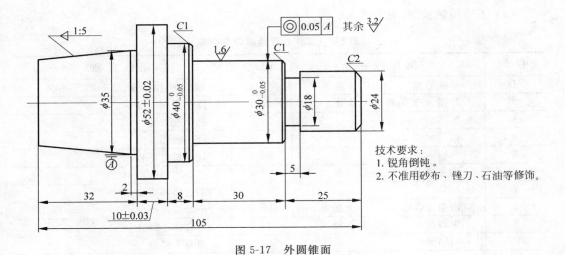

图 5-17 外圆锥面

（2）车削内圆锥面，如图 5-18 所示。

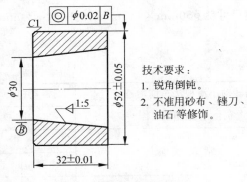

图 5-18 内圆锥面

（3）综合件的加工如图 5-19 所示。

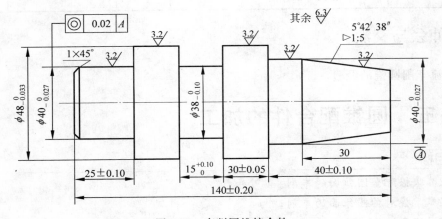

图 5-19 车削圆锥综合件

（4）工件质量检测，见表 5-2。

表 5-2　工件质量检测评分标准

序号	质 检 内 容		配分	评 分 标 准
1	外圆公差	4 处	6×4	超 0.01 扣 2 分，超 0.02 不得分
2	外圆 $Ra3.2\mu m$	4 处	4×4	降一级扣 2 分
3	锥体		10	超 $1'$ 扣 2 分
4	锥体 $Ra3.2\mu m$		5	降一级扣 3 分
5	沟槽		8	超差槽壁不直扣分
6	长度公差	4 处	3×4	超差不得分
7	倒角		2	不合格不得分
8	清角去锐边	6 处	1×6	不合格不得分
9	中心孔	2 处	2×2	不合格不得分
10	同轴度		5	超差不得分
11	工件完整		3	不完整扣分
12	安全文明操作		5	违章扣分

材料为 45 钢；毛坯尺寸为 $\phi50mm×145mm$；时间为 120min。

技能训练评价

课题名称	用转动小滑板法车削圆锥面		课题开展时间		指导教师	
学生姓名		分组组号				
操作项目	活 动 实 施		技 能 评 价			
			优秀	良好	及格	不及格
用转动小滑板法车削圆锥面	用转动小滑板法车削外圆锥					
	用转动小滑板法车削内圆锥					
	圆锥尺寸的控制					

学习体会与交流

交流车削圆锥的经验。

任务五　圆锥配合件的加工

任务目标

（1）掌握配套圆锥面的车削。

（2）掌握对称圆锥面的车削。

（3）了解产生废品的原因及预防措施。

知识内容

一、圆锥配合件

圆锥配合件如图 5-20 所示。

棒料尺寸：$\phi 55\text{mm} \times 130\text{mm}$。

自己分析图纸,确定加工步骤。

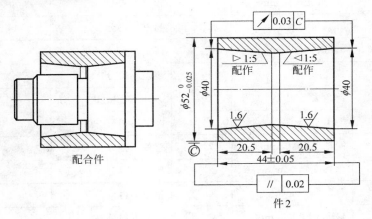

配合件

件 2

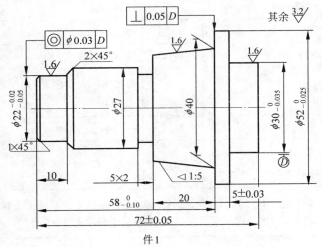

件 1

技术要求：

1. 两零件配合接触面大于70%。
2. 未注公差尺寸按IT14加工。
3. 未注倒角1×45°。
4. 锐角倒钝0.3×45°。

图 5-20　圆锥配合件

图纸评分标准如表 5-3 所示。

表 5-3 图纸评分标准

零件	序号	单项要求	单项分	评分标准	检测结果	扣分	得分
件 1 (54%)	1	$\phi 52_{-0.025}^{0}$ mm	6	超差不得分			
	2	$\phi 30_{-0.035}^{0}$ mm	6	超差不得分			
	3	$\phi 22_{-0.05}^{-0.02}$ mm	6	超差不得分			
	4	72mm±0.05mm	8	超差不得分			
	5	$58_{-0.10}^{0}$ mm	6	超差不得分			
	6	5mm±0.03mm	4	超差不得分			
	7	锥度 1:5	6	超差不得分			
	8	倒角去毛刺	1×6	一处不合格扣 0.5 分			
	9	$Ra1.6\mu m$	1×2	降级不得分			
	10	同轴度$\phi 0.03$mm	2	超差不得分			
	11	垂直度 0.05mm	2	超差不得分			
件 2 (34%)	12	$\phi 52_{-0.025}^{0}$ mm	6	超差不得分			
	13	44mm±0.05mm	8	超差不得分			
	14	圆跳动 0.03mm	4	超差不得分			
	15	平行度 0.02mm	4	超差 0.01 扣 1 分			
	16	$Ra1.6\mu m$	1×2	降级不得分			
	17	锥度 1:5	8	与件 1 配合涂色面积不小于 70%			
	18	倒角去毛刺	1×2	一处不合格扣 0.5 分			
配合 (12%)	19	件 2 与件 1 配合间隙 0.2mm±0.05mm	12	超差不得分			
安全文明生产		如有着装不规范,工、卡、量具摆放不整齐,机床及环境卫生保养不符合要求,违反安全文明生产操作规程等情况,酌情从总分中扣 1～5 分					
总工时		210min	检测员		总分		

二、圆锥工件质量分析

车削圆锥的主要质量问题是工件的锥度不对或圆锥的母线不直而造成废品。废品的种类、原因及预防措施如表 5-4 所示。

表 5-4 车削圆锥时产生废品的种类与原因及预防措施

废品种类	产 生 原 因	预 防 措 施
锥度（角度）不正确	用转动小滑板车削时 (1) 小滑板转动角度计算错误 (2) 小滑板移动时松紧不均	(1) 仔细计算小滑板应转的角度和方向，并反复试车校正 (2) 调整塞铁使小滑板移动均匀
	用偏移尾座法车削时 (1) 尾座偏移位置不正确 (2) 工件长度不一致	(1) 重新计算和调整尾座偏移量 (2) 如工件数量较多,各件的长度必须一致
	用仿形法车削时 (1) 靠板角度调整不正确 (2) 滑板与靠板配合不良	(1) 重新调整靠板角度 (2) 调整滑块和靠板之间的间隙
	用宽刃刀法车削时 (1) 装刀不正确 (2) 切削刃不直	(1) 调整切削刃的角度和对准中心 (2) 修磨切削刃的直线度
	铰内圆锥法时 (1) 铰刀锥度不正确 (2) 铰刀的轴线与工件旋转轴线不同轴	(1) 修磨铰刀 (2) 用半分表和试棒调整尾座套筒轴线
双曲线误差	车刀刀尖没有对准工件轴线	车刀刀尖必须严格对准工件轴线

技能训练内容

对如图 5-20 所示的圆锥配合件进行车削。

技能训练评价

课题名称	圆锥配合件的加工		课题开展时间		指导教师	
学生姓名		分组组号				
操作项目	活 动 实 施		技 能 评 价			
			优秀	良好	及格	不及格
内、外圆锥面的配合加工	配合圆锥面的加工					
	对称圆锥面的加工					

学习体会与交流

怎样正确处理配合件的加工?

项目 六

车三角螺纹

任务一 三角螺纹的型号及有关计算

任务目标

（1）了解三角螺纹的分类及作用。

（2）掌握三角螺纹的专业术语及尺寸计算。

（3）掌握实际加工三角螺纹的方法及注意事项。

知识内容

一、螺旋线的形成

直角三角形围绕圆柱旋转一周，斜边在圆柱表面所形成的曲线，就是螺旋线。螺旋线沿向右方向上升的为右螺纹；螺旋线沿向左方向上升的为左螺纹。

二、螺纹的分类

（1）按用途不同可分为连接用螺纹与传动用螺纹。

连接用螺纹：三角形螺纹、管螺纹等。

传动用螺纹：锯齿形螺纹、矩形螺纹、梯形螺纹等。

（2）按螺旋方向分，可分为右旋和左旋。

（3）按螺旋线数分，可分为单线和多线。

（4）按母体分，可分为圆柱螺纹和圆锥螺纹。

三、普通三角螺纹的代号

（1）普通三角螺纹的牙型角为 60°，一般用于连接。普通三角螺纹可分为粗牙普通螺纹和细牙普通螺纹。粗牙普通螺纹代号用字母"M"及公称直径表示，如 M8、M10 等。细牙普通螺纹与粗牙普通螺纹的区别在于当公称直径相同时，螺距小于粗牙普通螺纹螺距；细牙普通螺纹代号用字母"M"及公称直径×螺距表示，如 M10×1、M20×1.5 等。左旋螺纹在代号末尾加注"LH"并用"-"隔开，如 M8-LH、M10×1-LH 等，不加注的为右旋螺纹。

普通螺纹的基本牙型如图 6-1 所示。

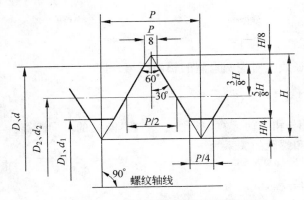

图 6-1　普通螺纹的基本牙型

（2）其他螺纹代号。

① 矩形螺纹，是由矩形公称直径×螺距来表示。

② 梯形螺纹，是由螺纹代号 Tr、公称直径×螺距表示。

③ 锯齿形螺纹，是由螺纹的特征代号 S 和公称直径×螺距表示。

四、普通三角螺纹的术语

1．螺纹

在圆柱表面，沿着螺旋线所形成的，具有相同剖面的连续凸起和沟槽。

2．螺纹牙型、牙型角和牙型高度

螺纹牙型是通过轴线剖面上螺纹的轮廓形状。牙型角是螺纹牙型上相邻两牙侧间的夹角。牙型高度是螺纹牙型上牙顶到牙底之间垂直于轴线的距离。

3．螺纹直径

螺纹各部分直径如表 6-1 所示。

表 6-1　螺纹各部分直径

名 称		符号	位 置
螺纹大径 （公称直径）	外螺纹大径	d	外螺纹的顶径
	内螺纹大径	D	内螺纹的底径
螺纹小径	外螺纹小径	d_1	外螺纹的底径
	内螺纹小径	D_1	内螺纹的孔径
螺纹中径		d_2、D_2	假想圆柱的直径，牙型上的沟槽和凸起正好宽度相等的地方，是螺纹的重要尺寸，是加工和检验的重要依据

注：外螺纹用小写字母表示，内螺纹用大写字母表示。

项目六　车三角螺纹

中径是螺纹的重要尺寸,螺纹配合时就是靠在中径线上内、外螺纹中径接触来实现传递动力或紧固作用。

4. 螺距 P

相邻两牙在中径线上对应两点间的轴向距离。

5. 导程 L

在同一螺旋线上,相邻两牙在中径线上对应两点间的轴向距离。

多线螺纹导程和螺距的关系为

$$L = nP \qquad (6-1)$$

式中:L——螺纹的导程,mm;

n——多线螺纹的线数;

P——螺距,mm。

6. 牙型高度 h

牙型高度 h 是指螺纹牙顶和牙底在垂直于螺纹轴线方向的距离。

7. 螺纹升角 ψ

在中径圆柱上,螺旋线的切线与垂直于螺纹轴线方向平面之间的夹角。计算公式为

$$\tan\psi = \frac{nP}{\pi d_2} \qquad (6-2)$$

五、普通螺纹的基本尺寸计算

普通螺纹的基本尺寸计算见表 6-2。

表 6-2　普通螺纹的基本尺寸计算

名 称 及 符 号	计 算 公 式	名 称 及 符 号	计 算 公 式
牙型角 α	$60°$	大径 d、D	$d = D =$ 公称直径
原始三角形高度 H	$H = 0.866P$	中径 d_2、D_2	$d_2 = D_2 = d - 0.6495P$
牙型高度 h	$h = 0.5413P$	小径 d_1、D_1	$d_1 = D_1 = d - 1.0825P$

部分普通螺纹的基本尺寸和粗牙普通螺纹的螺距可查阅附录 A。

例 6-1　试计算三角外螺纹 M30×2 的牙型高、中径、小径尺寸。

解:根据表 6-2 中公式,有

$$h = 0.5413P = 0.5413 \times 2 = 1.0862 (\text{mm})$$

$$d_2 = d - 0.6495P = 30 - 0.6495 \times 2 = 28.701 (\text{mm})$$

$$d_1 = d - 1.0825P = 30 - 1.0825 \times 2 = 27.835 (\text{mm})$$

技能训练内容

(1) 分析 M24×2 的含义及与 M24×2-LH 的区别。

(2) 试计算三角螺纹 M24×2 的牙型高度、中径、小径尺寸。

> **注意**：在没有说明三角螺纹是外螺纹还是内螺纹时，两个方面都要考虑。

技能训练评价

课题名称	三角螺纹的型号及有关计算		课题开展时间		指导教师	
学生姓名		分组组号				
操作项目	活动实施		技 能 评 价			
			优秀	良好	及格	不及格
三角螺纹的型号	M24×2 的含义					
	M24×2 与 M24×2-LH 的区别					
三角螺纹的计算	计算 M24×2 的牙型高					
	计算 M24×2 的中径					
	计算 M24×2 的小径					

学习体会与交流

发现螺纹连接在日常生活中的应用，并辨别出属于哪类螺纹。

任务二　三角螺纹车刀的刃磨及安装

> **任务目标**
> (1) 学会三角螺纹车刀的刃磨。
> (2) 掌握三角螺纹车刀的安装。

知识内容

要车好螺纹，必须正确刃磨螺纹车刀，螺纹车削的质量好坏关键在于螺纹车刀是否刃磨合格。螺纹车刀按加工性质属于成形刀具，其切削部分的形状应当和螺纹牙型的轴向剖面形状相符合，即车刀的刀尖角应该等于螺纹牙型角。

一、硬质合金三角螺纹车刀的几何角度

三角螺纹车刀的几何角度如图 6-2 所示。刃磨时应注意以下几点。

(1) 刀尖角一定要等于牙型角，车普通螺纹时为 60°，车英制螺纹时为 55°。

(2) 前角一般为 0°～20°。因为螺纹车刀的纵向前角对牙型角有很大影响，所以精度

要求高的螺纹,径向前角取得小一些,为 0°～5°,精车时取为 0°;粗车时取 5°～20°。刃磨时参照表 6-3 进行牙型角的调整。

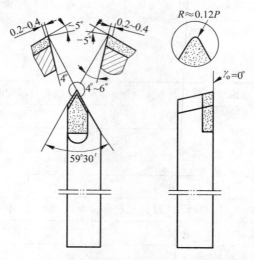

图 6-2　硬质合金三角螺纹车刀的几何角度

表 6-3　纵向前角对牙型角的影响

纵向前角	0°	5°	10°	15°	20°
前面上的刀尖角	60°	59°48′	59°14′	58°18′	56°57′

(3) 后角一般为 5°～10°。因受螺纹升角的影响,车刀两侧的后角应磨得不相等,进给方向的后角大于另一侧的后角,但大直径、小螺距螺纹可忽略不计这种影响,一般保证两侧有 3°～5°的工作后角即可。

二、三角螺纹车刀的刃磨要求

(1) 根据粗、精车的要求,刃磨出合理的前、后角。粗车刀前角适当大些,后角适当小些,精车刀则相反。

(2) 车刀的两侧刀刃必须是直线,无崩刃。

(3) 刀头不歪斜,牙型半角相等。刀尖靠近进刀一侧,便于加工时退刀安全。

(4) 内螺纹车刀刀尖角平分线必须与刀杆垂直,防止车削过程中刀杆与孔碰撞。

(5) 内螺纹车刀后角应适当大些,后面磨成圆弧形。

三、三角螺纹车刀的刃磨和检查

由于螺纹车刀刀尖角要求高、刀头体积小,因此刃磨起来比一般车刀困难。在刃磨高速钢螺纹车刀时,若感到发热烫手,必须及时用水冷却,否则容易引起刀尖退火;刃磨硬质合金螺纹车刀时,应注意刃磨顺序,一般是先将刀头后面适当粗磨,随后再刃磨两侧面,以免产生刀尖爆裂。在精磨时,应注意防止压力过大而震碎刀片,同时要防止刀具在刃磨时骤冷骤热而损坏刀片。

　　三角螺纹车刀的刃磨顺序一般为：先粗磨左、右侧后刀面，初步形成刀尖角；再粗、精磨前面（形成前角）；接着再精磨两侧后面，并用螺纹样板检查修磨（如图6-3所示，测量时把刀尖与样板贴合，样板与车刀底面平行，对准光源，用透光法检查，仔细观察两边贴合的间隙，并进行修磨至达到要求）。

　　三角外螺纹车刀刃磨的具体操作过程如图6-4所示。最后磨刀尖倒棱如图6-4(d)所示（倒棱宽度一般为0.1P），并用油石研磨。

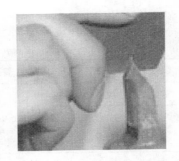

图6-3　用特制的厚样板测量具有纵向前角的螺纹车刀

四、三角螺纹车刀的安装

安装要求如下：

　　(1) 螺纹车刀刀尖与车床主轴轴线等高，一般可根据尾座顶尖高低调整和检查。

　　(2) 螺纹车刀的两刀尖半角的对称中心线与工件轴线垂直，装刀时可用对刀样板调整，如果把车刀装歪了，会使车出的螺纹两牙型半角不相等，而产生倒牙。

　　(3) 螺纹车刀不宜伸出过长，一般伸出长度为25～30mm。

(a) 刃磨左侧后刀面

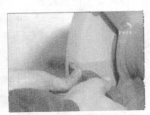

(b) 刃磨右侧后刀面

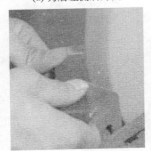

(c) 刃磨前面

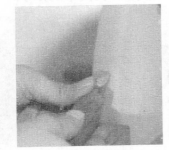

(d) 磨刀尖倒棱

图6-4　刃磨三角外螺纹车刀

技能训练内容

　　硬质合金螺纹车刀的刃磨及安装。

技能训练评价

课题名称	三角螺纹车刀的刃磨及安装		课题开展时间		指导教师	
学生姓名		分组组号				
操作项目	活动实施		技能评价			
			优秀	良好	及格	不及格
三角螺纹车刀的刃磨	背前角(γ_p) 0°					
	后角(α_o) 6°±1°					
	刀尖角(ε_r) 59°30′					
	左侧后角(α_{fL}) 4°~6°					
	右侧后角(α_{fR}) 3°±1°					
	侧前角(γ_f) 4°~6°					
	刀尖半径(r_e) 0.12P					
	倒棱宽(b_γ) 0.2~0.4mm					
安全操作	遵守安全操作规程					

学习体会与交流

为什么要把三角螺纹车刀刃磨得如此精准?

任务三 车削三角外螺纹

任务目标

(1)掌握三角螺纹的车削方法。
(2)掌握三角螺纹的车削步骤。
(3)提高车床操作能力。

知识内容

一、分析三角螺纹 M24×2

根据图6-5分析三角螺纹 M24×2。

二、三角螺纹车削方法

(1)正、反车车削法。习惯用左手握操纵杆控制主轴正、反转,右手握中滑板手柄控

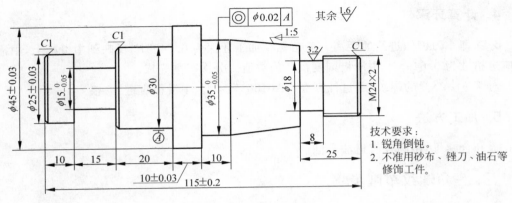

其余 $\sqrt{1.6}$

技术要求:
1. 锐角倒钝。
2. 不准用砂布、锉刀、油石等修饰工件。

图 6-5　三角螺纹轴

制进给方向。

(2) 提开合螺母法。当丝杠螺距能整除工件螺距或被工件螺距整除时,才能采用提开合螺母法车削螺纹;否则,将出现乱牙,把螺纹车坏。

三、刀具选择

选用硬质合金螺纹车刀,牙型角为 60°。

四、三角螺纹车削准备工作

1. 车外圆

车螺纹时,由于车刀对工件的挤压力很大,容易使工件胀大,所以车削螺纹前工件的外径应比螺纹的大径尺寸小,根据长时间实际加工经验得知,一般把光轴尺寸比图纸要求尺寸车小 $0.1 \times$ 螺距,此时车出的螺纹比较精确。

例如,图纸所示 M24×2 的螺纹,其工件外径尺寸可车小 0.2mm。

2. 调整车床主轴转速

硬质合金车刀适合于高速车削,应选高速挡;又因为螺纹导程为 2mm,即工件每转一圈车刀进给 2mm,进给量较大,所以不易选择很高的转速。因此在 CA6136 车床上加工三角螺纹时,初学者可选择 290r/min。

3. 调整进给箱手柄位置

根据导程查表 6-4 选择进给箱手柄位置。M24×2 的导程为 2mm。

首先在该铭牌中找到数值 2,沿箭头指示方向分别找到罗马数值表示手柄Ⅲ位置及塔轮长手柄 1 位置与塔轮短手柄 2 位置;然后将丝杠与光杠转换手柄置于丝杠位置。

表 6-4　CA6136 型车床进给箱上的铭牌表

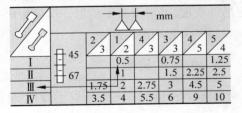

			2/3	1/2	4/3	3/3	4/5	5/4
Ⅰ		45		0.5		0.75		1.25
Ⅱ		67		1		1.5	2.25	2.5
Ⅲ			1.75	2	2.75	3	4.5	5
Ⅳ			3.5	4	5.5	6	9	10

4. 计算牙深

牙深即车刀横向进给的距离。三角螺纹加工牙深为 $0.6495P$，反映到中滑板上，中滑板应进格数为 $0.6495P$/中滑板刻度盘上的数值。分次车削完成。

对于 $M24×2$ 的螺纹，通过计算在 CA6136 车床上，中滑板应进 65 格。

5. 加工方法

提开合螺母，用高速直进法车削。

五、三角螺纹车削步骤

（1）启动车床，使工件旋转。

（2）对刀。

使螺纹车刀的刀尖与被加工螺纹的右侧棱线轻轻接触。调中滑板刻度为零。

（3）试刀。

摇动中滑板手柄进 2 格车削。停车测量，检查导程是否正确。

（4）分次车削完成。

螺距为 2mm，一般粗车 2～3 刀（背吃刀量依次递减），精车一刀。

高速车削三角螺纹的进给次数可参阅表 6-5。

表 6-5　高速车削三角螺纹的进给次数

螺距/mm		1.5～2	3	4	5	6
进给次数	粗车	2～3	3～4	4～5	5～6	6～7
	精车	1	2	2	2	2

六、三角螺纹的测量

1. 大径的测量

螺纹大径的公差较大，一般用游标卡尺测量。

2. 螺距的测量

（1）用螺距规测量。测量时，螺距规应沿工件轴平面方向嵌入牙槽中，如果与螺纹牙槽完全吻合，说明被测螺距是正确的。

（2）用钢直尺和游标卡尺测量。测量时，为了能准确检测出螺距，一般应检测几个螺距的总长度，然后取其平均值。即先量出多个螺距的长度，然后把长度除以螺距的个数，就得出一个螺距的尺寸。

3. 中径的测量

精度较高的螺纹可用螺纹千分尺（见图 6-6）或三针测量（见图 6-7）。

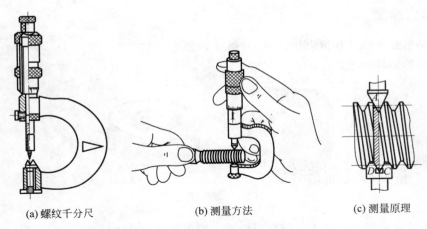

(a) 螺纹千分尺　　　　(b) 测量方法　　　　(c) 测量原理

图 6-6　螺纹千分尺测量中径

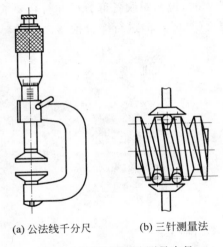

(a) 公法线千分尺　　　　(b) 三针测量法

图 6-7　三针测量法测量中径

公法线千分尺读数 M 及三针直径的选择如表 6-6 所示。

表 6-6　公法线千分尺读数 M 及三针直径的选择

螺纹牙型角	M 值计算公式	钢针直径		
		最大值	最佳值	最小值
29°（英制蜗杆）	$M=d_2+4.994d_D-1.933P$		$0.516P$	
30°（梯形螺纹）	$M=d_2+4.864d_D-1.866P$	$0.656P$	$0.518P$	$0.486P$
40°（蜗杆）	$M=d_2+3.924d_D-4.316m_s$	$2.466m_s$	$1.675m_s$	$1.61m_s$
55°（英制三角螺纹）	$M=d_2+3.166d_D-0.961P$	$0.894P-0.029$	$0.564P$	$0.481P-0.016$
60°（普通三角螺纹）	$M=d_2+3d_D-0.866P$	$1.01P$	$0.577P$	$0.505P$

4. 综合测量

综合测量是用螺纹环规（见图6-8）对螺纹各部分的尺寸（大径、中径、螺距等）同时进行综合检测的一种检验方法。

图 6-8　螺纹环规

（1）外螺纹使用螺纹套规进行综合检测。检测前应先检查螺纹大径、牙型、螺距和表面粗糙度，然后再用螺纹环规检测。环规有通规 T 和止规 Z。在使用时要注意区分。当通规全部拧入而止规不能拧入时，说明螺纹各部分尺寸符合要求。

（2）内螺纹使用螺纹塞规（见图6-9）进行综合检测。

图 6-9　螺纹塞规

技能训练内容

对图 6-5 所示零件进行车削加工。
毛坯尺寸：$\phi 50\text{mm} \times 120\text{mm}$。

1. 工件分析

加工内容：车端面、车外圆、车外沟槽、车圆锥面、车倒角、车三角外螺纹。
标记：M24×2 为三角螺纹，外径为 $\phi 24\text{mm}$，导程为 2mm（螺距也为 2mm）。
尺寸精度：
直径尺寸为 $\phi 45\text{mm} \pm 0.03\text{mm}$、$\phi 35_{-0.05}^{0}\text{mm}$、$\phi 30\text{mm}$、$\phi 25\text{mm} \pm 0.03\text{mm}$、$\phi 18\text{mm}$、$\phi 15_{-0.05}^{0}\text{mm}$。
长度尺寸为 10mm、15mm、20mm、10mm±0.03mm、10mm、25mm、8mm、115mm±0.2mm。
表面粗糙度为 $Ra1.6\mu\text{m}$。
锥度为 1∶5；圆锥半角 $\alpha/2 = 5°42'38''$。
未注公差按 IT12 加工，未注倒角按 C0.3。

2．加工步骤参考

（1）自定心卡盘夹持工件，伸出约 80mm。

（2）车端面。

（3）粗车外圆 $\phi46$mm，长度大于 70mm；粗车外圆 $\phi36$mm，长 60mm，粗车外圆 $\phi25$mm，长 25mm。

（4）调头装夹工件，夹持 $\phi36$mm 的外圆。

（5）车端面，控制总长。

（6）粗车外圆 31mm，长 45mm；粗车外圆 26mm，长 25mm。

（7）精车外圆 $\phi45$mm±0.03mm、$\phi30$mm、$\phi25$mm±0.03mm。

（8）切槽直径 $\phi15_{-0.05}^{0}$mm，宽 15mm；车倒角、倒棱。

（9）垫铜皮夹持 $\phi30$mm 的外圆。

（10）精车外圆 $\phi35_{-0.05}^{0}$mm，精车外圆 $\phi23.8$mm。

（11）切槽直径 $\phi18$mm，宽 8mm。

（12）车 1∶5 圆锥成形。车倒角，倒棱。

（13）车三角螺纹 M24×2 成形。

（14）卸下工件测量。

3．三角外螺纹训练

按图 6-10 所示进行三角螺纹训练，要求自己编写加工步骤。

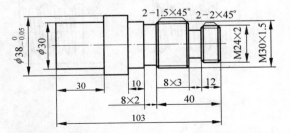

技术要求：
1. 去毛刺。
2. 不允许用锉刀、油石等修饰工件。

图 6-10　三角螺纹训练图

技能训练评价

课题名称	车削三角外螺纹		课题开展时间		指导教师	
学生姓名		分组组号				
操作项目	活动实施		技能评价			
			优秀	良好	及格	不及格
车削三角外螺纹	车削有关知识					
	三角螺纹的加工步骤					
	三角螺纹的车削加工					

学习体会与交流

查找低速车削三角外螺纹的有关资料。

任务四　车削三角内螺纹

任务目标

（1）掌握三角内螺纹车刀的刃磨。

（2）掌握用直进法车三角内螺纹。

知识内容

一、内螺纹工件形状和车刀种类

1. 内螺纹工件形状

常见的三角内螺纹,有通孔、不通孔和阶台孔 3 种(见图 6-11),其中通孔内螺纹较容易加工。

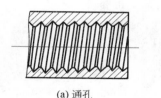 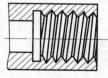

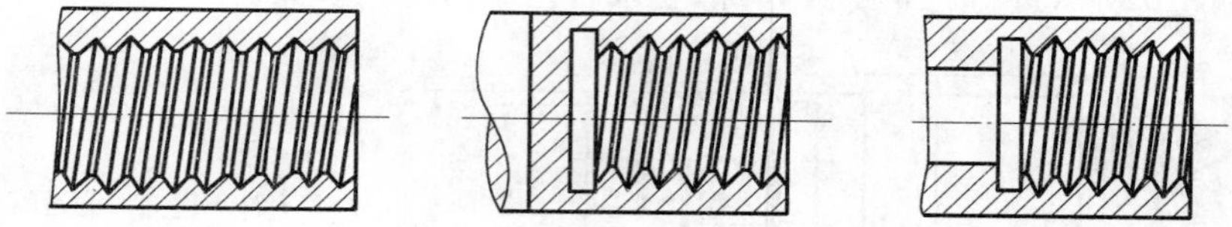

(a) 通孔　　　　　　　　　(b) 不通孔　　　　　　　　(c) 阶台孔

图 6-11　内螺纹工件形状

2. 车削内螺纹的各种车刀

在加工内螺纹时,由于车削的方法和工件形状的不同,因此所选用的螺纹车刀也不同。目前,工厂中最常用的内螺纹车刀有锻打式内螺纹车刀、焊接式内螺纹车刀等。

（1）锻打式内螺纹车刀。这种车刀是用高速钢锻制而成的,通常用它来加工直径小的内螺纹。

（2）焊接式内螺纹车刀。这种硬质合金车刀一般用于高速车内螺纹。

二、三角内螺纹孔径的确定

车普通三角内螺纹时,内螺纹孔径与工件的材料性质有关。

车削塑性金属时：$D_{孔} = D - P$。

车削脆性金属时：$D_{孔} \approx D - 1.05P$。

三、车削内螺纹的方法

内螺纹的车削方法与外螺纹基本相同,但是它们也有不同之处,就是吃刀方向和外螺纹相反,而且工件的形状也不相同。

1.内螺纹车刀的选择

内螺纹车刀是根据它的车削方法和工件材料及形状来选择的,它的尺寸大小受到内螺纹孔径尺寸的限制,一般内螺纹车刀的刀头长度应比孔径小 3~5mm;否则退刀时会碰伤牙顶,甚至不能车削。

2.普通三角内螺纹车刀的刃磨

硬质合金内螺纹车刀的几何角度如图 6-12 所示。

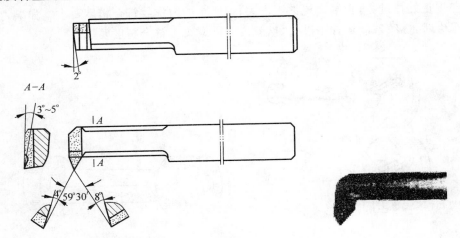

图 6-12 硬质合金内螺纹车刀几何角度

内螺纹车刀的刃磨方法和外螺纹车刀基本相同。但是刃磨刀尖时要注意它的平分线必须与刀杆垂直;否则车内螺纹时车刀刀杆会与内孔发生干涉。刀尖宽度应符合要求,一般为 0.1 倍的螺距。

3.普通三角内螺纹车刀的装夹

(1)刀柄的伸出长度应大于内螺纹长度 10~20mm。

(2)车刀刀尖要对准工件中心,如果车刀装得高,车削时会引起振动,使工件表面产生鱼鳞斑现象,如果车刀装得低,刀头下部会和工件发生摩擦,车刀切不进去。

(3)车刀装好后,应在孔内摇动床鞍至终点,检查刀架是否会与工件端面发生碰撞。

4.车三角内螺纹的注意事项

(1)三角内螺纹车刀的两侧切削刃要平直;否则螺纹牙型侧面不平直。

（2）用中滑板进给时，控制每次车削的背吃刀量，进给、退刀方向与车外螺纹时相反。

（3）小滑板应调整得紧一些，以防车削时车刀位移而产生乱牙。

5. 车削不通孔内螺纹的方法

车削时，中拖板手柄的退刀和开合螺母起闸（或开倒车）的动作要迅速整齐。如果退刀和起闸（或倒车）过早，螺纹车达不到需要的长度。如果退刀和起闸（或倒车）过迟了，这时刀杆将与工件相撞，容易产生事故。此外，在刀杆上应做记号，或利用床鞍上的刻度盘来控制车削长度。其余的车削方法与通孔内螺纹相同。

四、用螺纹塞规测量时的注意事项

用界限螺纹塞规（见图 6-13）测量内螺纹是普遍采用的方法。测量前，应把工件孔内的铁屑刷干净，防止铁屑阻塞而使塞规拧不进去或擦伤工件和塞规的表面精度。测量时，过端塞规正好拧进去，止端塞规拧不进去，则所车的内螺纹符合精度要求。如果内螺纹牙顶已车尖时，螺纹塞规还拧不进去，这就说明内螺纹不符合精度要求。

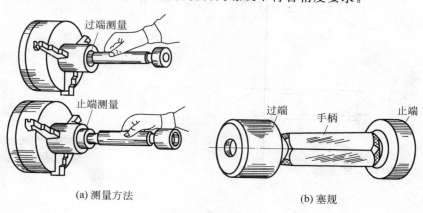

图 6-13　螺纹塞规

塞规拧不进去的原因是螺距、内径、外径、螺纹角和困牙等不正确。解决的方法有：用螺纹卡板检查螺距或用粉笔塞进螺纹孔内拧出螺纹距离，再用钢皮尺测量粉笔上的螺距是否正确；用游标卡尺和塞规检查螺纹的内径和外径，用角度样板检查刀尖角及其安装的位置。

有时还会出现螺纹塞规只能拧进几牙，后面的几牙就拧不进去，这主要是由于主轴中心线与床身导轨不平行而产生锥度，或是让刀（因刀杆刚性差），或是刀尖已开始磨损。如果是让刀所造成的，就可以采用淌刀的方法，使车刀进入原来的吃刀深度位置，反复车削，逐步消除锥度，直至螺纹塞规拧进为止。

技能训练内容

（1）内螺纹车刀的刃磨。

（2）将图 6-14 所示加工零件与图 6-5 所示零件配合。

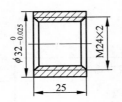

图 6-14　三角内螺纹

（3）内切槽刀的刃磨。内切槽刀（见图 6-15）的几何参数如下：

前角为 5°～20°，主后角为 6°～12°，副后角为 1°～3°，主偏角为 90°，副偏角为 1°～1°30′，刃倾角为 0°。

图 6-15　内切槽刀外形

（4）高速车削三角内螺纹，如图 6-16 所示。

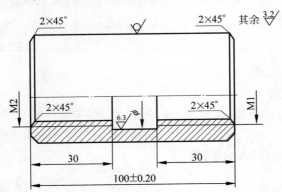

	M1	M2	φ
1	M44×1.5	M44×2	45
2	M48×1.5	M48×2.5	49
3	M52×2	M52×3	53

图 6-16　车削三角内螺纹

车削加工步骤如下：

① 夹持外圆车端面、车外圆、钻中心孔、钻孔、倒角 2×45°。

② 调头，夹持外圆车端面。

③ 车内孔至尺寸。

④ 车内沟槽。

⑤ 孔口倒角。

⑥ 车内螺纹成形。

技能训练评价

课题名称	车削三角内螺纹		课题开展时间		指导教师	
学生姓名		分组组号				
操作项目	活动实施		技能评价			
			优秀	良好	及格	不及格
三角内螺纹车刀的刃磨	背前角(γ_p) 粗车刀($10°\sim15°$) 精车刀($0°$)					
	第一后角(α_{o1}) $8°\sim12°$					
	第二后角(α_{o2}) $28°\sim30°$					
	刀尖角(ε_r) $60°$					
	左侧后角(α_{fL}) $4°\sim8°$					
	右侧后角(α_{fR}) $3°\sim6°$					
	刀尖半径(r_e) $0.12P$					
车削三角内螺纹	内螺纹车刀的装夹					
	内螺纹孔径的确定					
	内三角螺纹加工					
安全操作	遵守安全操作规程					

学习体会与交流

通过发现螺纹配合在实际生活中的应用,探讨加工出合格螺纹的重要性。

任务五   三角螺纹配合件的加工

任务目标

(1)学会螺纹配合件的加工。
(2)提高车床操作能力。

知识内容

一、三角螺纹质量分析

车三角螺纹时,产生废品的原因及预防措施如表 6-7 所示。

表 6-7　车三角螺纹时产生废品的原因及预防措施

废品种类	产 生 原 因	预 防 措 施
中径不正确	(1) 车刀背吃刀量不正确,以顶径为基准控制背吃刀量,忽略了顶径误差的影响 (2) 刻度盘使用不当	(1) 经常测量中径尺寸,应考虑大径的影响,调整背吃刀量 (2) 正确使用刻度盘
螺距(导程)不正确	(1) 交换齿轮计算或组装错误,进给箱、溜板箱有关手柄位置扳错 (2) 局部螺距(导程)不正确;车床丝杠和主轴窜动过大;溜板箱手轮转动不平衡;开合螺母间隙大 (3) 车削过程中开合螺母自动抬起	(1) 在工件上先车一条很浅的螺旋线,测量螺距(导程)是否正确 (2) 调整好主轴和丝杠的轴向窜动量及开合螺母间隙,将溜板箱手轮拉出使之与传动轴脱开,使床鞍均匀运动 (3) 调整开合螺母镶条,适当减小间隙,控制开合螺母传动时抬起,或用重物挂在开合螺母手柄上防止中途抬起
牙型不正确	(1) 车刀刀尖刃磨不正确 (2) 车刀安装不正确 (3) 车刀磨损	(1) 正确刃磨和测量车刀刀尖角度 (2) 装刀时用样板对刀 (3) 合理选用切削用量,及时修磨车刀
表面粗糙度值大	(1) 刀尖产生积屑瘤 (2) 刀柄刚性不够,切削时产生振动 (3) 车刀径向前角太大,中滑板丝杠螺母间隙过大产生扎刀 (4) 高速切削螺纹时,切削厚度太小或切屑向倾斜方向排除,拉毛已加工牙侧表面 (5) 工件刚性差,而切削用量过大 (6) 车刀表面粗糙	(1) 用高速钢车刀切削时应降低切削速度,并正确选择切削液 (2) 增加刀柄截面,并减小刀柄伸出长度 (3) 减小车刀径向前角,调整中滑板丝杠螺母间隙 (4) 高速钢切削螺纹时,最后一刀的背吃刀量一般要大于 0.1mm,并使切屑沿垂直轴线方向排出 (5) 选择合理的切削用量 (6) 刀具切削刃口的表面粗糙度应比零件加工表面粗糙度值小 2~3 档次
乱牙	工件的转数不是丝杠转数的整数倍	(1) 当第一次行程结束后,不提起开合螺母,将车刀退出后,开倒车使车刀沿纵向退回,再进行第二次行程车削,如此反复至将螺纹车好 (2) 当进刀纵向行程完成后,提起开合螺母脱离传动链退回,刀尖位置产生位移,应重新对刀

二、三角螺纹配合件的加工

毛坯尺寸:$\phi 55\text{mm} \times 140\text{mm}$。

三角螺纹配合加工,如图 6-17 所示。

1．工件图 6-17（b）加工

（1）自定心卡盘夹持工件，伸出 90mm 左右，找正夹紧。

（2）车端面，钻中心孔。

（3）粗、精车外圆 $\phi50_{-0.05}^{\ 0}$ mm，长大于 85mm。

（4）钻 $\phi25$mm 孔，长 43mm，车断。

2．工件图 6-17（a）加工

（1）车端面，倒角。

（2）垫铜皮夹持 $\phi50_{-0.05}^{\ 0}$ mm 的外圆。

（3）车端面，控制总长。

（4）车外圆 $\phi29.8$mm。

（5）切槽 8×2 成形，倒角。

（6）车三角外螺纹 M30×2 成形。

（7）卸下工件测量。

3．工件图 6-17（b）再加工

（1）垫铜皮夹持 $\phi50_{-0.05}^{\ 0}$ mm 的外圆。

（2）车端面，控制总长为 $40_{0}^{+0.5}$ mm。

（3）车内孔 $\phi28$mm，倒角。

（4）车三角内螺纹 M30×2，与工件图 6-17（a）外螺纹配合。

（5）卸下工件。

技能训练内容

三角螺纹配合加工，如图 6-17 所示。

将加工后的零件图 6-17（a）和图 6-17（b）进行配合。

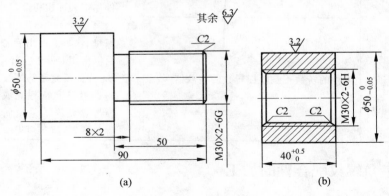

图 6-17　三角螺纹配合件

技能训练评价

课题名称		三角螺纹配合件的加工		课题开展时间		指导教师	
学生姓名			分组组号				
考核内容		考核要求		配分	评分标准		得分
零件图（a）	直径	$\phi 50_{-0.05}^{0}$ mm		7	符合要求得分		
	长度	90mm		5	符合要求得分		
		50mm		5	符合要求得分		
	槽	8×2		6	符合要求得分		
	倒角	C2		2	符合要求得分		
	表面粗糙度	$Ra3.2\mu m$		2	降级不得分		
	螺纹	M30×2-6G		10	符合要求得分		
零件图（b）	直径	$\phi 50_{-0.05}^{0}$ mm		7	符合要求得分		
	长度	$40_{0}^{+0.5}$ mm		5	符合要求得分		
	倒角	C2 2处		4	符合要求得分		
	表面粗糙度	$Ra3.2\mu m$		2	降级不得分		
	螺纹	M30×2-6H		10	符合要求得分		
其他	未注公差尺寸	IT12		10	一处超差扣1分		
	加工操作	规范		5	符合要求得分		
	安全操作	严格遵守安全操作规程		10	符合要求得分		
	工量刀具放置	位置合理,放置整齐		5	符合要求得分		
	设备清洁保养	相关规定要求		5	符合要求得分		

学习体会与交流

怎样合理安排配合件的加工顺序。

任务六 综合件的车削

任务目标

（1）巩固所学知识。

（2）提高车床操作能力。

知识内容

一、内孔三角螺纹沟槽综合件

（1）内孔三角螺纹沟槽综合件如图 6-18 所示。

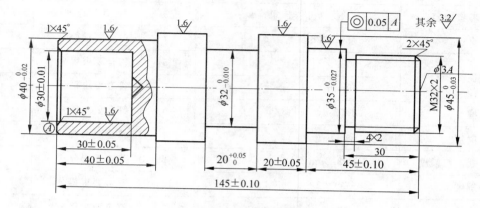

图 6-18　内孔三角螺纹沟槽综合件

（2）内孔三角螺纹沟槽综合件加工步骤。

① 夹右端，车平左端面，粗车 $\phi40$mm 至 $\phi41$mm，长至 30mm。

② 调头夹至毛坯外圆，平右端面，定总长，钻中心孔。

③ 夹 $\phi41$mm 处，活顶尖支顶，粗车右端各部外圆均留 2mm 余量。

④ 调头夹大外径，钻中心孔，钻 $\phi28$mm 的孔，深 28mm。精车 $\phi30$mm ±0.01mm 的孔至要求，深 30mm ±0.05mm 至要求。孔口倒角。

⑤ 两顶尖装夹，精车 $\phi40_{-0.02}^{0}$mm 的外圆，长 40mm ±0.05mm 至要求。

⑥ 调头两顶尖装夹，精车右端各部至尺寸要求。

⑦ 精车 M30×2 螺纹至尺寸要求。

⑧ 去毛刺。

二、三角螺纹锥体轴

（1）三角螺纹锥体轴如图 6-19 所示。

（2）三角螺纹锥体轴加工步骤。

① 夹右端。平左端面，粗车左端阶台 $\phi25_{-0.03}^{0}$mm 至 $\phi27$mm，长 27mm。

② 调头，平右端面，定总长 140mm ±0.10mm，钻中心孔。

③ 夹 $\phi27$mm 处活顶尖支顶。

④ 粗车 $\phi36_{-0.03}^{0}$mm 外圆至 $\phi37$mm。

⑤ 粗车右端阶台 $\phi26_{-0.03}^{0}$mm 至 $\phi27$mm，长至 34mm。

⑥ 粗车螺纹外径至 $\phi17$mm，长至 24mm。

⑦ 车槽（先划出槽的位置线），槽两侧各留 1mm 余量，底径车至 $\phi21$mm。

⑧ 两顶尖装夹精车 $\phi25_{-0.03}^{0}$ mm，至长 3mm±0.10mm，倒角。

⑨ 两顶尖装夹。

⑩ 精车 $\phi36_{-0.03}^{0}$ mm 至尺寸，精车 $\phi26_{-0.03}^{0}$ mm 至尺寸，并保证阶台长度。

⑪ 划出锥体长度线痕。

⑫ 转动小滑板粗、精车锥体至要求。

⑬ 精车沟槽至要求。

⑭ 精车螺纹外径至要求。

⑮ 粗、精车 M16 螺纹。

⑯ 去毛刺及锐边。

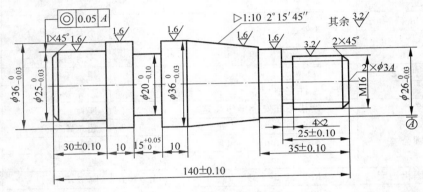

图 6-19　三角螺纹锥体轴

技能训练内容

（1）对图 6-18 所示内孔三角螺纹沟槽综合件进行加工。

（2）对图 6-19 所示三角螺纹锥体轴进行加工。

技能训练评价

课题名称	综合件的车削		课题开展时间		指导教师	
学生姓名		分组组号				
考核内容	考核要求			配分	评分标准	得分
图 6-18 实践	外圆公差	$\phi40_{-0.02}^{0}$ mm		3	超差不得分	
		$\phi45_{-0.03}^{0}$ mm		3	超差不得分	
		$\phi35_{-0.027}^{0}$ mm		3	超差不得分	
	外圆粗糙度	$Ra1.6\mu m$　3 处		2×3	降一级扣 1 分	
	长度	40mm±0.05mm		2	超差不得分	
		20mm±0.05mm		2	超差不得分	
		145mm±0.1mm		2	超差不得分	
		45mm±0.10mm		2	超差不得分	
		30mm		2	超差不得分	

项目六　车三角螺纹

车工技能与训练

考核内容		考核要求	配分	评分标准	得分
图 6-18 实践	内孔公差	$\phi 30mm \pm 0.01mm$	3	超差不得分	
		$30mm \pm 0.05mm$	1.5	超差不得分	
	内孔粗糙度	$Ra1.6\mu m$	2	降一级扣1分	
	外沟槽公差	$\phi 32_{-0.05}^{0}mm$	1.5	超差不得分	
		$20_{0}^{+0.05}mm$	1.5	超差不得分	
	退刀槽	4×2	1.5	超差不得分	
	三角螺纹	$M32 \times 2$	1.5	不合格不得分	
	三角螺纹粗糙度	$Ra3.2\mu m$	1.5	降级不得分	
	倒角清角去锐边	3 处	1.5×3	不合格不得分	
	中心孔	$2 \times \phi 3A$	1	不合格不得分	
	同轴度	◎ $\phi 0.05$ A	2	超差不得分	
	外观	工件完整	2	不完整扣分	
	安全操作	严格遵守安全操作规定	2	违章扣分	
图 6-19 实践	外圆公差	$\phi 36_{-0.03}^{0}mm$ 2 处	2.5×2	超差不得分	
		$\phi 25_{-0.03}^{0}mm$	2.5	超差不得分	
		$\phi 26_{-0.03}^{0}mm$	2.5	超差不得分	
	外圆粗糙度	$Ra3.2\mu m$ 4 处	1.5×4	降级不得分	
	长度	$30mm \pm 0.10mm$	2	超差不得分	
		$140mm \pm 0.10mm$	2	超差不得分	
		$25mm \pm 0.10mm$	2	超差不得分	
		$35mm \pm 0.10mm$	2	超差不得分	
		$10mm$ 2 处	1×2	超差不得分	
	槽	$\phi 20_{-0.10}^{0}mm$	2.5	超差不得分	
		$15_{0}^{+0.05}mm$	2	超差不得分	
	退刀槽	4×2	1.5	超差不得分	
	锥	$1:10$	1.5	超差不得分	
		$Ra1.6\mu m$	1.5	降级不得分	
	螺纹	$M16$	2	不合格不得分	
	倒角	$1 \times 45°$	1.5	不合格不得分	
		$2 \times 45°$	1.5	不合格不得分	
	清角去锐边	7 处	3.5	不合格不得分	
	同轴度	$\phi 0.05mm$	2	超差不得分	
	外观	工件完整	2	不完整扣分	
	安全操作	严格遵守安全操作规程	2	违章扣分	

学习体会与交流

如何提高加工质量与效率？

项目 七

车梯形螺纹

任务一　梯形螺纹的型号及有关计算

任务目标

（1）正确识别梯形螺纹。

（2）能利用有关公式进行简单的计算。

知识内容

梯形螺纹是应用广泛的一种传动螺纹,其工件长度较长,精度要求较高,而且导程和螺纹升角较大。车床上的长丝杠和中、小滑板丝杠都是梯形螺纹。

一、梯形螺纹的型号

梯形螺纹的牙型如图 7-1 所示。

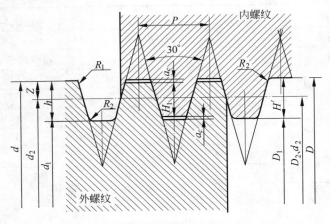

图 7-1　梯形螺纹牙型

梯形螺纹的标记由螺纹代号、公差带代号及旋合长度代号组成,彼此间用"-"分开。具体标记方法见表 7-1。

表 7-1　梯形螺纹的标记方法

螺纹种类	特征代号	牙型角	标记实例	标记方法
梯形螺纹	Tr	30°	Tr36×12(P6)-7H 示例说明： Tr—梯形螺纹 36—公称直径 12—导程 P6—螺距为 6mm 7H—中径公差带代号 右旋，双线，中等旋合长度	(1) 单线螺纹只标螺距,多线螺纹应同时标导程和螺距 (2) 右旋不标旋向代号 (3) 旋合长度只有长旋合长度和中等旋合长度两种,中等旋合长度不标 (4) 只标中径公差带代号

二、梯形螺纹基本尺寸的计算

梯形螺纹各部分名称、代号及计算公式见表 7-2。

例 7-1　车削一对 Tr42×10 的丝杠和螺母,试求内、外螺纹的大径、牙型高度、小径、牙顶宽、牙槽底宽和中径尺寸。

解：根据表 7-2 中的公式有：

外螺纹

$$d=42\text{mm}$$
$$h=0.5P+a_c=0.5\times10+0.5=5.5(\text{mm})$$
$$d_2=d-0.5P=42-0.5\times10=37(\text{mm})$$
$$d_1=d-2h=42-2\times5.5=31(\text{mm})$$

表 7-2　梯形螺纹基本要素计算公式

名　称		代号	计　算　公　式			
牙型角		α	$\alpha=30°$			
螺距		P	由螺纹标准确定			
牙顶间隙		a_c	P/mm	1.5~5	6~12	14~44
			a_c/mm	0.25	0.5	1
外螺纹	大径	d	公称直径			
	中径	d_2	$d_2=d-0.5P$			
	小径	d_1	$d_1=d-2h_3$			
	牙高	h	$h=0.5P+a_c$			
内螺纹	大径	D	$D=d+2a_c$			
	中径	D_2	$D_2=d_2$			
	小径	D_1	$D_1=d-P$			
	牙高	H	$H=h$			
牙顶宽		f、f'	$f=f'=0.366P$			
牙槽底宽		W、W'	$W=W'=0.366P-0.536a_c$			

注：外螺纹用小写字母表示,内螺纹用大写字母表示。

内螺纹

$$D=d+2a_c=42+2\times0.5=43(\text{mm})$$
$$H=h=5.5\text{mm}$$
$$D_2=d_2=37\text{mm}$$
$$D_1=d-P=42-10=32(\text{mm})$$

牙顶宽

$$f=f'=0.366P=0.366\times10=3.66(\text{mm})$$

牙槽底宽

$$W=W'=0.366P-0.536a_c=0.366\times10-0.536\times0.5=3.392(\text{mm})$$

技能训练内容

（1）试说明 Tr28×4-7h 的含义。

（2）试说明 Tr36×10(P5)-7h 的含义。

（3）试计算 Tr36×6-7h 的中径 d_2、牙型高 h、小径 d_1、牙顶宽 f 及牙槽底宽 w。

技能训练评价

课题名称	梯形螺纹的型号及有关计算		课题开展时间		指导教师	
学生姓名		分组组号				
操作项目	活 动 实 施		技 能 评 价			
			优秀	良好	及格	不及格
梯形螺纹的型号及有关计算	Tr28×4-7h 的含义					
	Tr36×10(P5)-7h 的含义					
	Tr36×6-7h 的中径 d_2、牙型高 h、小径 d_1、牙顶宽 f 及牙槽底宽 W					

学习体会与交流

探讨导程与螺距的关系。

任务二　梯形螺纹车刀的刃磨

任务目标

（1）掌握梯形螺纹车刀的刃磨。

（2）掌握梯形螺纹车刀的安装。

知识内容

一、梯形螺纹车刀刃磨要求

梯形螺纹车刀刃磨的主要参数是螺纹的牙型角和牙槽底宽度。刃磨的方法与三角螺纹基本相同。其刃磨要求如下：

（1）刃磨高速钢螺纹车刀（见图 7-2）两刃夹角时，应随时目测和用样板校对（见图 7-3）。

（2）径向前角不等于 0°的螺纹车刀，两刃夹角应进行修整。

（3）螺纹车刀各切削刃要光滑、平直、无裂口，两侧切削刃应对称，车刀不能歪斜。

（4）梯形内螺纹车刀两侧切削刃对称线应垂直于刀柄。

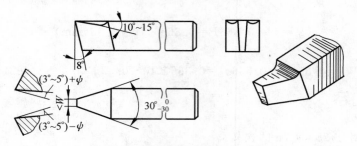

图 7-2 高速钢梯形螺纹粗车

精车刀的径向前角应为零度，如图 7-4 所示。

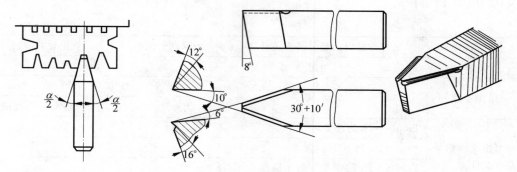

图 7-3 用样板校对车刀　　　　　图 7-4 高速钢梯形螺纹精车刀

二、梯形螺纹车刀刃磨方法

1. 粗磨左侧后刀面

双手握刀，使刀柄与砂轮外圆水平方向成 15°夹角，垂直方向倾斜 8°～10°。车刀与砂轮接触后稍加压力，并均匀、缓慢移动磨出后刀面，即磨出牙型半角及左侧后角。

2. 粗磨右侧后刀面

双手握刀，使刀柄与砂轮外圆水平方向成 15°夹角，垂直方向倾斜 8°～10°，控制刀尖角及右侧后角。

3. 粗、精磨前刀面

将车刀前刀面与砂轮水平面方向倾斜约 3°，粗、精磨前刀面或径向前角。

4. 精磨后刀面

精磨两侧后刀面,控制刀尖角和刀尖宽度,刀尖角用样板检测修正。

5. 研磨

用油石精研各刀面和刃口,保证车刀刀刃平直,刃口光洁。

三、梯形螺纹车刀刃磨操作提示

(1) 刃磨两侧后角时,要注意螺纹的左右旋向,并根据螺旋升角的大小来确定两侧后角的增加。

(2) 梯形内螺纹车刀的刀尖角平分线应与刀柄垂直。

(3) 刃磨高速钢梯形螺纹车刀时,应随时用水冷却,以防车刀因过热而退火,降低切削性能。

(4) 螺距小的梯形螺纹精车刀不便刃磨断屑槽时,可采用较小径向前角的梯形螺纹精车刀。

四、梯形螺纹车刀的装夹

(1) 车刀刀尖对准工件中心。

(2) 用对刀样板对刀,保证车刀不左右歪斜。

(3) 车刀伸出不要太长,压紧力要适当。

技能训练内容

(1) 刃磨高速钢梯形螺纹粗车刀。

(2) 刃磨高速钢梯形螺纹精车刀。

技能训练评价

课题名称		梯形螺纹车刀的刃磨		课题开展时间	指导教师		
学生姓名		分组组号					
操作项目		活动实施		技能评价			
				优秀	良好	及格	不及格
梯形螺纹粗车刀的刃磨		背前角(γ_p) $10°\sim15°$					
		后角(α_o) $6°\sim8°$					
		刀尖角(ε_r) $30°\sim29°30'$					
		左侧后角(α_{fL}) $(3°\sim5°)+\psi$					
		右侧后角(α_{fR}) $(3°\sim5°)-\psi$					

操作项目	活动实施	技能评价			
		优秀	良好	及格	不及格
梯形螺纹精车刀刃磨	背前角(γ_p) 0°				
	后角(α_o) 8°～10°				
	刀尖角(ε_r) 30°±10′				
	左侧后角(α_{fL}) 8°～10°				
	右侧后角(α_{fR}) 6°～8°				
	左前角(γ_{oL}) 12°				
	右前角(γ_{oR}) 16°				
	倒棱宽(b_γ) 0.2～0.5mm（2 处）				
安全操作	严格遵守安全操作规程				

学习体会与交流

交流刃磨车刀的经验。

任务三　车削梯形外螺纹

任务目标

（1）掌握梯形螺纹的车削方法。
（2）学会梯形螺纹的加工。

知识内容

一、低速车削梯形螺纹的方法（见图 7-5）

1. 车削较小螺距（$P<4$mm）的梯形螺纹

用一把梯形螺纹车刀,采用直进法并用少量左右进给车削成形。

2. 粗车螺距（$P>4$mm）的梯形螺纹

可采用左右车削法（见图 7-5（a）、（b））或直槽法（见图 7-5（c））。
左右车削法：为防止车刀 3 个切削刃同时切削,因切削力过大而产生振动或扎刀现象。

3. 粗车螺距（$P>8$mm）的梯形螺纹

车阶梯槽法如图 7-5（d）所示。

  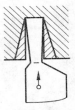 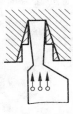 

(a) 左右切削法粗车　(b) 左右切削法精车　(c) 车直槽法　(d) 车阶梯槽　(e) 分层切削法

图 7-5　粗车梯形螺纹的切削方法

4. 粗车螺距（$P > 18$mm）的梯形螺纹

粗车螺距的梯形螺纹采用分层切削法，如图 7-5（e）所示。

分层切削法的切削步骤是：用梯形螺纹车刀采用斜进法车至第一层，在保持切削深度不变的情况下，车刀向左或向右移动，逐步车好第一层。然后用同样的方法依次车削第二层、第三层，直至螺纹粗车成形。

5. 精车梯形螺纹

精车时应采用带有卷屑槽的精车刀精车成形，如图 7-5（b）所示。

二、工件的装夹要求

车削梯形螺纹时，切削力较大，工件宜采用一夹一顶方式装夹，以保证装夹牢固。此外，轴向采用限位台阶固定工件的轴向位置，以防止车削中工件轴向蹿动或移位而造成乱牙或撞坏车刀。

三、梯形外螺纹的加工（以 Tr36×6 为例）准备工作

1. 车外圆

车梯形螺纹时，根据所给梯形螺纹牙型尺寸标注的大径进行车削，如图 7-6 所示。可用游标卡尺测量。

2. 车床主轴转速

高速钢车刀适合于低速车削，应选低速挡。在 CA6136 车床上，加工梯形螺纹，初学者可选择 52r/min。

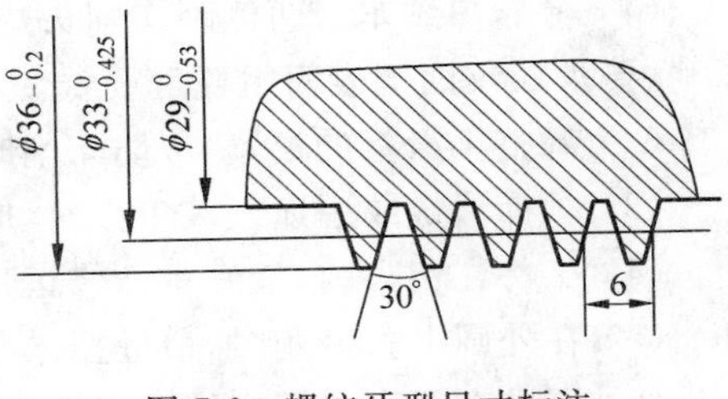

3. 进给箱手柄位置

图 7-6　螺纹牙型尺寸标注

根据导程查表选择进给箱手柄位置。Tr36×6 的导程为 6mm。

首先在该铭牌（见图 7-7）中找到数值 6，沿箭头指示方向分别找到罗马数值表示手柄

项目七　车梯形螺纹

位置Ⅳ及塔轮长手柄 3 位置与塔轮短手柄 3 位置；然后将丝杠与光杠转换手柄置于丝杠位置。

图 7-7　CA6136 型车床进给箱上的铭牌

4．牙型高

即车刀横向进给的距离。反映到中滑板上，中滑板应进格＝h/中滑板刻度盘上的数值。分次车削完成。

对于 Tr36×6 的螺纹，通过计算在 CA6136 车床上，中滑板应进 175 格。

5．公法线千分尺的读数 M 值

三针直径最佳值 0.518P。对于 Tr36×6 的螺纹三针选择 3.108mm。

$$M = d_2 + 4.864d_D - 1.866P$$
$$= 33 + 4.864 \times 3.108 - 1.866 \times 6$$
$$\approx 36.92(\text{mm})$$

根据螺纹牙型中径上下偏差，可得 M 的合格尺寸为 36.495～36.92mm。

6．加工方法

正反车分层车削法。

四、梯形螺纹车削步骤

（1）启动车床，使工件旋转。

（2）对刀。使螺纹车刀的刀尖与被加工螺纹的右侧棱线轻轻接触。调中滑板刻度为零。

（3）试刀。摇动中滑板手柄进 2 格车削。停车测量，检查导程是否正确。

（4）分层车削完成。

五、车削注意事项

（1）梯形螺纹车刀两侧副切削刃应平直，否则工件牙型角不正；精车时刀刃应保持锋利，要求螺纹两侧表面粗糙度要低。

（2）调整小滑板的松紧，以防车削时车刀移位。

（3）车梯形螺纹中途复装工件时，应保持拨杆在原位，以防乱牙。

（4）工件在精车前，最好重新修正顶尖孔，以保证同轴度。

（5）在外圆上去毛刺时，最好把砂布垫在锉刀下进行。

（6）不准在开车时用棉纱擦工件，以防出危险。

（7）车削时，为了防止因溜板箱手轮回转时不平衡，使床鞍移动时产生窜动，可去掉手柄。

（8）车梯形螺纹时以防"扎刀"，建议用弹性刀杆。

六、梯形螺纹的测量方法

（1）大径的测量：一般可用游标卡尺、千分尺等量具。

（2）底径尺寸的控制：一般由中滑板刻度盘控制牙型高度，而间接保证底径尺寸。

（3）中径的测量。

① 综合测量法。用标准螺纹环规综合测量。

② 三针测量法。这种方法是测量外螺纹中径的一种比较精密的方法。适用于测量一些精度要求较高、螺纹升角小于4°的螺纹工件。测量时把3根直径相等的量针放在与螺纹相对应的螺旋槽中，用千分尺量出两边量针顶点之间的距离 M，如图 7-8 所示。

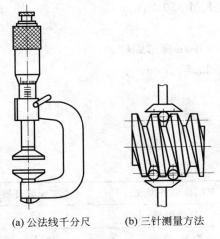

(a) 公法线千分尺　　(b) 三针测量方法

图 7-8　三针测量法测量中径

技能训练内容

1. 车梯形外螺纹

梯形外螺纹如图 7-9 所示。

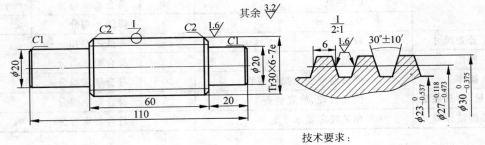

技术要求：

未注尺寸公差按照IT12加工和检验。

图 7-9　梯形外螺纹

毛坯尺寸：$\phi 35\text{mm} \times 112\text{mm}$。

2. 加工步骤

（1）夹持 $\phi 35\text{mm}$ 外圆毛坯，伸出 60mm，找正夹紧。

（2）车端面，钻中心孔 A2.5/3.5，将外圆尺寸车至 $\phi 33\text{mm}$。

（3）车轴端外圆 $\phi 20\text{mm}$、长 20mm 至尺寸，倒角 C1、C2。

（4）调头夹持 $\phi 33\text{mm}$ 外圆，找正夹紧。

（5）车轴端外圆 $\phi 20\text{mm}$、长 30mm 至尺寸，倒角 C1、C2。

（6）夹持 $\phi 20\text{mm}$、长 30mm 外圆，并用后顶尖顶住。

（7）车梯形螺纹大径至尺寸 $\phi 30_{-0.1}^{0}\text{mm}$。

（8）倒角 C2。

（9）粗车、半精车 Tr30×6-7e 梯形螺纹。

（10）精车螺纹外径至 $\phi 30_{-0.375}^{0}\text{mm}$。

（11）精车螺纹至尺寸。

（12）检验。

技能训练评价

课题名称	车削梯形外螺纹		课题开展时间		指导教师	
学生姓名		分组组号				
考核内容	考核要求		配分	评分标准		得分
梯形螺纹尺寸	$\phi 30_{-0.375}^{0}\text{mm}$		10	符合要求得分		
	$\phi 27_{-0.473}^{-0.118}\text{mm}$		10	符合要求得分		
	$\phi 23_{-0.537}^{0}\text{mm}$		10	符合要求得分		
	30°±10′		10	符合要求得分		
	$Ra1.6\mu\text{m}$　3处		12	降级不得分		
	C2 两处		4	符合要求得分		
	C1 两处		4	符合要求得分		
	$Ra3.2\mu\text{m}$		5	降级不得分		
未注公差尺寸	IT12		5	一处超差扣一分		
加工操作	规范		10	符合要求得分		
安全操作	严格遵守安全操作规程		10	符合要求得分		
工、量、刀具放置	位置合理、放置整齐		5	符合要求得分		
设备清洁保养	相关规定要求		5	符合要求得分		

学习体会与交流

交流梯形螺纹的加工经验。

任务四　车削梯形内螺纹

任务目标

(1) 掌握梯形内螺纹孔径的计算方法。

(2) 了解梯形内螺纹车刀的特点及安装注意事项。

(3) 学会车梯形内螺纹。

知识内容

一、梯形内螺纹车刀

(1) 梯形内螺纹车刀的几何形状如图 7-10 所示。

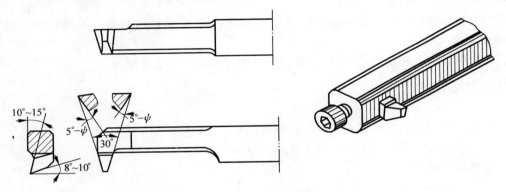

图 7-10　梯形内螺纹车刀

(2) 梯形螺纹车刀的刃磨。

① 粗磨主、副后刀面,使左侧后角为 $8° \sim 10°$,右侧后角为 $4° \sim 6°$。

② 粗、精磨前刀面,保证前角。

③ 精磨主、副后刀面,刀尖角用样板检查修正。粗车时刀尖角 $29°30'$,精车时刀尖角 $30° + 5'$。

刃磨后要求车刀刀面光洁,两侧切削刃直线度好,刀尖角正确。

二、梯形内螺纹孔径计算

加工梯形内螺纹之前先要按小径尺寸把梯形内螺纹的内孔车对,其孔径计算公式为

$$D_{孔} \approx d - P$$

三、梯形内螺纹车刀刀杆的选择

和三角形内螺纹车刀一样,刀杆要根据螺纹底孔直径来选择。一般螺纹底孔孔径较小时,采用整体式梯形内螺纹车刀;螺纹底孔孔径较大时,采用刀杆式梯形内螺纹车刀,

这种车刀的刀杆横截面积较大,车刀的刚性较好,能承受较大的切削力。

四、梯形内螺纹的车削方法

车梯形内螺纹进退刀的方法与车三角形内螺纹基本相同。要求先采用左右借刀法加工至内螺纹底径后,中滑板每次进刀时就固定在某一切削的深度,仅左右移动小滑板借刀,直至将梯形内螺纹中径加工合格。

五、梯形内螺纹的测量

梯形内螺纹一般采用综合测量法,即用梯形螺纹塞规测量,或者通过与已加工好的梯形外螺纹进行试配测量。

六、注意事项

(1)车梯形内螺纹的进给和退刀方向与车梯形外螺纹方向相反,尽可能利用刻度盘控制退刀,以防刀杆与孔壁相碰。

(2)梯形内螺纹车刀的两侧切削刃应该刃磨平直,应该使用对刀样板找正装夹梯形内螺纹车刀。

(3)小滑板应调整得紧一些,以防车削时车刀移位产生乱牙现象。

技能训练内容

如图 7-11 所示,本任务是车梯形内螺纹。

零件材料为 45 钢,毛坯规格为 $\phi55\text{mm} \times 40\text{mm}$。

车梯形内螺纹

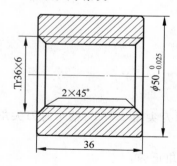
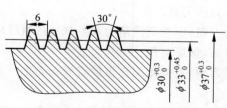

技术要求:
未注尺寸公差按照
IT12加工和检验。

图 7-11　梯形内螺纹

技能训练评价

课题名称	车削梯形内螺纹		课题开展时间	指导教师
学生姓名		分组组号		

操作项目	活动实施	技能评价			
		优秀	良好	及格	不及格
梯形内螺纹车刀的刃磨	背前角(γ_p)　10°～15°				
	后角(α_o)　8°～10°				
	刀尖角(ε_r)　30°±10′				
	左侧后角(α_{fL})　5°+ψ				
	右侧后角(α_{fR})　5°-ψ				
考核内容	考核要求	配分	评分标准		得分
螺纹尺寸	$\phi30^{+0.3}_{0}$ mm	10	符合要求得分		
	$\phi33^{+0.45}_{0}$ mm	10	符合要求得分		
	$\phi37^{+0.3}_{0}$ mm	10	符合要求得分		
	$\phi50^{0}_{-0.025}$ mm	10	符合要求得分		
	36mm	10	符合要求得分		
	倒角 C2　2处	10	符合要求得分		
	倒棱两处	5	符合要求得分		
未注公差尺寸	IT12	5	降级不得分		
加工操作	规范	10	符合要求得分		
安全操作	严格遵守安全操作规程	10	符合要求得分		
工、量、刀具放置	位置合理、放置整齐	5	符合要求得分		
设备清洁保养	相关规定要求	5	符合要求得分		

学习体会与交流

将自己的加工经验与其他同学分享。

任务五　梯形螺纹配合件的加工

任务目标

（1）巩固所学知识。

（2）提高车工操作技能。

知识内容

一、图纸分析（见图 7-12）

1. 工件 1

（1）加工内容：车端面、车外圆、车外沟槽、车圆锥面、车倒角、车梯形外螺纹。

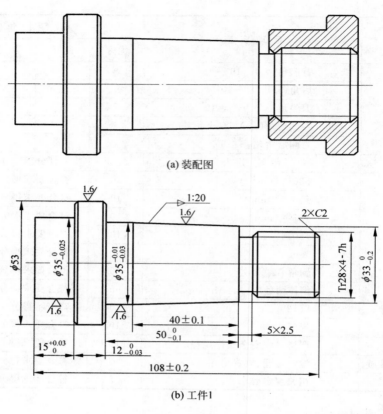

(a) 装配图

(b) 工件1

(c) 工件2

图 7-12　梯形螺纹配合

　　(2) 标记：Tr28×4-7h 为梯形螺纹，外径为 ϕ28mm，导程为 4mm(螺距也为 4mm)。

　　(3) 尺寸精度：直径尺寸 ϕ53mm，$\phi35_{-0.025}^{0}$ mm、$\phi35_{-0.03}^{-0.01}$ mm、$\phi33_{-0.2}^{0}$ mm。长度尺寸：$15_{0}^{+0.03}$ mm、$12_{-0.03}^{0}$ mm、40mm±0.1mm、$50_{-0.1}^{0}$ mm、108mm±0.2mm。

　　(4) 标记：5mm×2.5mm 为槽宽 5mm、槽深 2.5mm。

（5）表面粗糙度：$Ra1.6\mu m$。

（6）锥度 1：20，圆锥半角 $\alpha/2 = 1°25'56''$。

（7）未注公差按 IT12 加工，未注倒角按 $C0.3$。

2. 工件 2

（1）加工内容：车端面、钻中心孔、车外圆、车内孔、车倒角、车梯形内螺纹。

（2）标记：Tr28×4 为梯形螺纹，与件 1 配合。

（3）尺寸精度：直径尺寸 $\phi 53mm$、$\phi 44_{-0.021}^{0}$ mm。长度尺寸：28mm ± 0.05mm、18mm。

（4）表面粗糙度：$Ra1.6\mu m$。

（5）未注公差按 IT12 加工，未注倒角按 $C0.3$。

二、车刀的安装

车刀刀尖要严格对准工件中心。

三、自己制定工件加工步骤

技能训练内容

对图 7-12 所示工件进行车削加工。

技能训练评价

课题名称	梯形螺纹配合件的加工		课题开展时间		指导教师	
学生姓名		分组组号				
操作项目	活 动 实 施		技 能 评 价			
			优秀	良好	及格	不及格
梯形螺纹配合件加工	车削图示工件 1					
	车削图示工件 2					
	工件 1 与工件 2 配合情况					

学习体会与交流

查找生活中周围存在的梯形螺纹配合应用。

任务六　双线梯形螺纹的加工

任务目标

(1) 了解多线螺纹的技术要求。

(2) 掌握多线螺纹的分线方法和车削方法。

(3) 能分析废品产生的原因及防止知识。

知识内容

一、多线螺纹

沿两条或两条以上、在轴向等距分布螺旋线所形成的螺纹,称为多线螺纹,如图 7-13 所示。

多线螺纹的导程 L=线数(n)× 螺距(P)

二、多线螺纹的技术要求

(1) 多线螺纹的螺距必须相等。

(2) 多线螺纹每条螺纹的牙型角、中径处的螺距要相等。

(3) 多线螺纹的小径应相等。

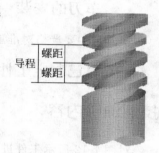

图 7-13　多线螺纹

三、车削多线螺纹应解决的几个问题

(1) 分线精度直接影响多线螺纹的配合精度,故首先要解决的是螺纹的分线问题。

(2) 多线螺纹的分线方法较多,选择分线方法的原则是:既要简便、操作安全,又要保证分线精度,还应考虑加工要求、产品数量及机床设备条件等因素。

(3) 车削多线螺纹应按导程挂轮。

(4) 车削步骤要协调,应遵照"多次循环分线,依次逐面车削"的方法加工。

四、多线螺纹的分线方法

1. 轴向分线法

(1) 利用小滑板刻度分线。利用小滑板的刻度值掌握分线时车刀移动的距离。即车好一条螺旋槽后,利用小滑板刻度使车刀移动一个螺距的距离,再车相邻的一条螺旋槽,从而达到分线的目的,如图 7-14 所示。

(2) 用百分表、量块分线。当螺距较小(百分表量程能够满足分线要求)时,可直接根据百分表的读数值来确定小滑板的移动量。当螺距较大(百分表量程无法满足分线要求)时,应采用百分表加量块的方法来确定小滑板的移动量。这种方法精度较高,但车削过程中需经常找正百分表零位,如图 7-15 所示。

图 7-14　利用小滑板刻度分线

图 7-15　用百分表、量块分线

（3）利用对开螺母分线。当多线螺纹的导程为丝杠螺距的整倍数且其倍数又等于线数（即丝杠螺距等于工件螺距）时，可以在车好第一条线后，将车刀返回起刀位置，提起开合螺母，使床鞍向前或向后移动一个丝杠螺距，再将开合螺母合上车削第二条线。其余各线的分线车削以此类推，如图 7-16 所示。

图 7-16　利用对开螺母分线

2．圆周分线法

（1）利用挂轮齿数分线。双线螺纹的起始位置在圆周上相隔 180°，三线螺纹的 3 个起始位置在圆周上相隔 120°，因此多线螺纹各线起始点在圆周线上的角度 $\alpha = 360°$ 除以螺纹线数，也等于主轴挂轮齿数除以螺纹线数。当车床主轴挂轮齿数为螺纹线数的整倍数时，可在车好第一条螺旋槽后停车，以主轴挂轮啮合处为起点将齿数作 n（线数）等分标记，然后使挂轮脱离啮合，用手转动卡盘至第二标记处重新啮合，即可车削第二条螺旋线，依次操作能完成第三、第四乃至第 n 线的分线。分线时，应注意开合螺母不能提起，齿轮必须向一个方向转动，这种分线方法分线精度较高（决定于齿轮精度）。但操作麻烦，且不够安全，如图 7-17 所示。

（2）利用三、四爪盘分线。当工件采用两顶尖装夹，并用三爪或四爪卡盘代替拨盘时，可利用三、四爪卡盘分线。但仅限于二、四线（四爪卡盘）三线（三爪卡盘）螺纹。即车好一条螺旋线后，只需松开顶尖，把工件连同鸡心夹转过一个角度，由卡盘上的另一只卡爪拨动，再顶好后顶尖，就可车另一条螺旋槽。这种分线方法比较简单且精度较差，如图 7-18 所示。

图 7-17　利用挂轮齿数分线

图 7-18　利用三、四爪盘分线

五、利用小滑板刻度分线车削多线螺纹应注意的问题

（1）采用直进法或左右切削法时，绝不可将一条螺纹槽精车好后再车削另一条螺纹槽，必须采用先粗车各条螺旋槽再依次面精车的方法。

图 7-19　校对小滑板与床身导轨的
平行度

（2）车削螺纹前，必须对小滑板导轨与床身导轨的平行度进行校对（见图 7-19），否则容易造成螺纹半角误差及中径误差。校对方法是：利用已车好的螺纹外圆（其锥度应在 0.02/100mm 范围内）或利用尾座套筒，校正小滑板有效行程对床身导轨的平行度误差，先将百分表表架装在刀架上，使百分表测量头在水平方向与工件外圆接触，手摇小滑板误差不超过 0.02/100mm。

（3）注意"一装、二挂、三调、四查"。

一装：装对螺纹车刀时，不仅刀尖要与工件中心等高，还需要螺纹样板或万能角度尺校正车刀刀尖角，以防左右偏斜。

二挂：须按螺纹导程计算并挂轮。

三调：调整好床鞍，中、小滑板的间隙，并移动小滑板手柄，清除对"0"位间隙。

四查：检查小滑板行程能否满足分线需要，若不能满足分线需要，应当采用其他方法分线。

（4）车削多线螺纹采用左、右切削法进刀，要注意手柄的旋转方向和牙型侧面的车削顺序，操作中应做到三定，即定侧面、定刻度、定深度。

六、小滑板分线车削螺纹的方法

1. 粗车的方法和步骤

刻线痕时牙顶宽加出 0.3mm 左右余量。第一步：用尖刀在车好的大径表面按导程变换手柄位置，轻轻刻一条线痕，即导程线，如图 7-20"1"所示。第二步：小滑板向前移动一个牙顶宽刻第二条线，即牙顶宽线，如图 7-20"2"所示。第三步：小滑板向前移动一个槽宽第三条线，即螺距线，如图 7-20"3"所示。此时"1"、"3"之间的距离为一个螺距。第四步：将小滑板向前移动一个牙顶宽，刻第四条线，即第二条牙顶宽线，如图 7-20"4"所示。此时 1 和 2、3 和 4 之间为牙顶宽，2 和 3、4 和 1 之间为螺旋槽宽。确定各螺旋槽位置，严格按线将各螺旋槽粗车成形。

2. 精车的方法和步骤

精车采用循环车削法，如图 7-21 所示。

（1）精车侧面"1"，见光即可，车牙底至尺寸，记住中滑板刻度值，小滑板向前移动一个螺距，车侧面"2"，小滑板不动，直进中滑板，车至牙底尺寸，此为第一个循环。

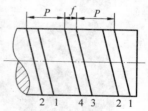

图 7-20　粗车方法和步骤

（2）车刀向前移动一个螺距，车侧面"1"，只车一刀，小滑板再向前移动一个螺距，车侧面"2"，也只车一刀，此为第二个循环。……如此循环几次，见切削薄而光、表面粗糙度达到要求为止。

（3）小滑板向后移至侧面"3"，精车，测量中径至上差时，小滑板向后移动一个螺距，车侧面"4"，直进中滑板至牙底尺寸，此为后侧面第一个循环。小滑板向后移动一个螺距，车侧面"3"，只车一刀，小滑板向后移动一个螺距，车侧面"4"，只车一刀，此为后侧面第二个循环。……如此循环几次直至中径和表面粗糙度合格。

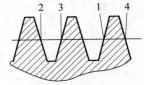

图 7-21　精车方法和步骤

（4）这样经过循环车削，可以清除由于小滑板进刀造成的分线误差，从而保证螺纹的分线精度和表面质量。

七、双线梯形螺纹的测量

（1）中径精度的测量。用单针测量法，如图 7-22 所示（由于相邻两个螺纹槽不是一次车成，故不能用三针测量）。与单线梯形螺纹测量方法相同，分别测量两螺纹槽中径，至符合要求。

（2）分线精度测量。用齿厚卡尺测量，如图 7-23 所示。分别测量相邻两齿的厚度，比较其厚度误差，确定分线精度。

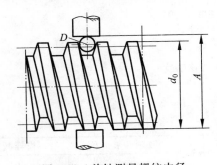

图 7-22　单针测量螺纹中径

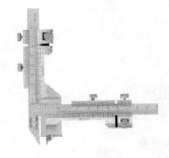

图 7-23　齿厚卡尺

八、车削多线螺纹容易产生的问题及注意事项

（1）由于多线螺纹导程大，进给速度快，车削时首先要注意安全，避免碰撞。

（2）工件应装夹牢固、稳定可靠，以免因切削力过大而使工件移动，造成分线误差，甚至啃刀、打刀。

（3）多线螺纹导程升角大，必须考虑导程升角对车刀实际工作前角、后角的影响，刃磨车刀时两侧后角应根据走刀方向相应增减一个导程角。

（4）造成多线螺纹分线精度不准确的原因有以下几种。

① 小滑板移动距离不准确，或没有消除间隙。

② 工件未夹紧，致使工件转动或移位。

③ 车刀修磨后没有严格对刀。

技能训练内容

对图 7-24 所示双线梯形螺纹进行车削加工。

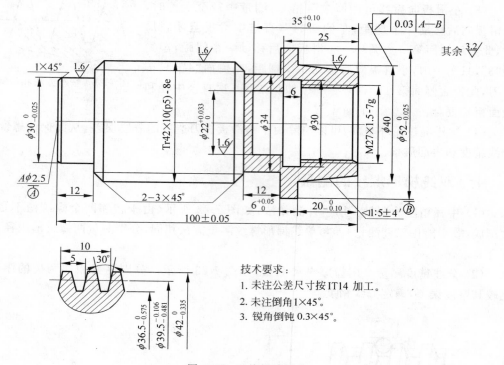

图 7-24　双线梯形螺纹

技术要求:
1. 未注公差尺寸按 IT14 加工。
2. 未注倒角 1×45°。
3. 锐角倒钝 0.3×45°。

技能训练评价

课题名称	双线梯形螺纹的加工		课题开展时间		指导教师	
学生姓名		分组组号				
考核内容	考 核 要 求		配分	评分标准		得分
图 7-24 实践	外圆	$\phi52_{-0.025}^{\ 0}$ mm	6	超差不得分		
		$\phi30_{-0.025}^{\ 0}$ mm	6	超差不得分		
		$\phi22_{\ 0}^{+0.033}$ mm	6	超差不得分		
	梯形螺纹	螺纹中径 $\phi39.5_{-0.481}^{-0.106}$ mm	4×2	三针		
		螺纹大径 $\phi42_{-0.335}^{\ 0}$ mm	3	超差不得分		
		牙型角 30°	3	30°样板		
	锥度	1∶5±4′	5	超差不得分		
	长度	$6_{\ 0}^{+0.05}$ mm	5	超差不得分		
		$20_{-0.10}^{\ 0}$ mm	5	超差不得分		
		$35_{\ 0}^{+0.10}$ mm	5	超差不得分		
		100mm±0.05mm	5	超差不得分		

考核内容		考核要求	配分	评分标准	得分
图 7-24 实践	三角螺纹	M27×1.5-7G	4	不合格不得分	
	形状公差	圆跳动 0.03mm	3	超差不得分	
	倒角	倒角去毛刺	2×6	一处不合格扣 1 分	
	粗糙度	$Ra1.6\mu$m	3×4	降级不得分	
	中心孔	$A\phi2.5$mm	2	超差不得分	
安全文明生产		(1) 着装规范 (2) 正确使用量具	10	违章不得分	
总工 时	180min	检测员		总分	

学习体会与交流

多线螺纹的作用及应用。

项目 八

车偏心工件

任务　在三爪自定心卡盘上加工偏心件

任务目标

（1）了解偏心术语。

（2）掌握偏心垫片的计算方法。

（3）偏心工件的车削。

知识内容

一、偏心工件的术语

1. 偏心工件

外圆和外圆或外圆和内孔的轴线平行而不重合的工件,称为偏心工件。

2. 偏心轴

外圆和外圆的轴线平行而不重合的工件,称为偏心轴。

3. 偏心套

外圆和内孔的轴线平行而不重合的工件,称为偏心套。

4. 偏心距

偏心工件中,偏心部分的轴线和基准部分的轴线之间的距离,称为偏心距。

二、偏心工件的加工方法

1. 在三爪自定心卡盘上车削偏心工件

适合精度要求不高、偏心距较小、长度较短的偏心工件。

2．在四爪单动卡盘上车削偏心工件

一般精度要求不高，偏心距较小，工件长度较短且较简单的偏心工件可以在四爪卡盘上车削。

3．用两顶尖装夹方法车削偏心件

适用于较长偏心轴的加工。

三、在自定心卡盘上车削偏心工件

1．基本操作技术

首先将偏心工件中不是偏心的外圆车好，然后在三爪中的任意一个卡爪与工件接触面之间垫上等于偏心厚度的垫片，并把工件夹紧就可以车削了。垫片厚度可按下式计算，即

$$X = 1.5e + k$$

式中：e——工件偏心距；

k——偏心距修正值；

X——垫片的厚度。

2．容易产生的问题及原因

加工后的偏心件偏心距超出规定误差，其原因是按公式计算的垫片厚度是一个近似值，试车后没有认真检查和调整实际偏心距造成的。

四、偏心距的测量

1．偏心轴的测量

测量时，百分表的触头与偏心部分的外圆接触，用手转动偏心轴，百分表读数最大值与最小值差的一半就是偏心距的实际尺寸。

2．偏心套的测量

偏心套偏心距的测量方法是先将偏心套套在心轴上，再在两顶尖间测量。

技能训练内容

（1）加工图 8-1 所示偏心轴。

（2）根据配合要求加工图 8-2 所示偏心套。

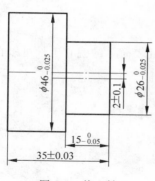

图 8-1　偏心轴

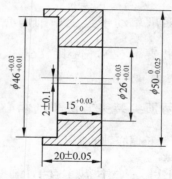

图 8-2　偏心套

技能训练评价

课题名称	在三爪自定心卡盘上加工偏心件		课题开展时间		指导教师	
学生姓名		分组组号				
操作项目	活 动 实 施		技 能 评 价			
			优秀	良好	及格	不及格
在三爪自定心卡盘上加工偏心件	偏心垫片的选择					
	偏心轴的车削					
	偏心套的车削					

学习体会与交流

举例说明偏心在实际生活中的应用,并讨论有没有其他方法加工偏心。

项目 九

车削综合技能训练

任务一　偏心配组合加工训练

任务目标

（1）掌握在三爪卡盘车削偏心件孔轴的方达。

（2）掌握用百分表校正工件偏心距的方法。

（3）了解垫片厚度及修正值的计算和调整。

技能训练内容

对图 9-1 所示偏心配组合件进行车削加工。

加工步骤如下：

a. 偏心轴

（1）检查坯料伸出长 50mm 找正夹紧，平端面。

粗车 $\phi25$mm 处留量 7mm（工艺要求）、长 39mm。

（2）调头装夹找正，车端面，总长达 80mm，粗、精车 $\phi36_{-0.025}^{0}$ mm、长 41mm，倒角 $1\times45°$。

（3）三爪装夹 $\phi36$mm 处垫入垫片，调整偏心距；用百分表测母线与轴线平行度，粗、精车外圆 $\phi25_{-0.025}^{0}$ mm 偏心距达 3mm±0.05mm，并保证长度尺寸 $40_{-0.08}^{0}$ mm，车槽沟 3mm$\times1$mm，倒角 $1\times45°$。

b. 偏心套

（1）检查毛坯，找正夹紧，车工艺阶台，外圆 $\phi45$mm$\times10$mm。

（2）调头夹 $\phi45$mm 处找正夹紧，车端面钻中心孔支顶，粗、精车 $\phi52_{-0.074}^{0}$ mm、长 61mm；钻孔 $\phi34$mm、深 39mm，粗、精镗内径 $\phi36_{+0.025}^{+0.064}$ mm、深 $40_{0}^{+0.15}$ mm 至尺寸，孔口倒角 $1\times45°$。

（3）工件调头装夹 $\phi52_{-0.074}^{0}$ mm，用垫片借离心，校正方法与件一相同。

车端面，总长达 60mm。钻通孔 $\phi23$mm。

粗、精镗内孔 $\phi25_{+0.020}^{+0.053}$ mm 至尺寸，偏心距达 3mm±0.05mm。

孔口倒角 $1\times45°$。

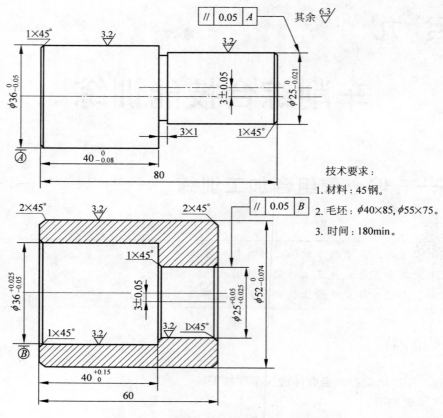

图 9-1　偏心配组合

技能训练评价

课题名称	偏心配组合加工训练		课题开展时间		指导教师	
学生姓名		分组组号				
考核内容		考 核 要 求	配分	评分标准		得分
偏心轴	外圆	$\phi 36_{-0.05}^{0}$ mm	6	超差不得分		
		$\phi 25_{-0.021}^{0}$ mm	6	超差不得分		
	粗糙度	$Ra3.2\mu$m	3×2	降级不得分		
	长度	$40_{-0.08}^{0}$ mm	5	超差不得分		
		80mm	5	超差不得分		
	槽	3mm×1mm	5	超差不得分		
	偏心距	3mm±0.05mm	2	超差不得分		
	平行度	// 0.05 A	2	超差不得分		
	倒角	1×45°	2×2	超差不得分		

考核内容		考核要求	配分	评分标准	得分
偏心套	外圆	$\phi 52_{-0.074}^{0}$ mm	6	超差不得分	
	内孔	$\phi 36_{-0.05}^{+0.025}$ mm	6	超差不得分	
		$\phi 25_{+0.025}^{+0.05}$ mm	6	超差不得分	
	长度	$40_{0}^{+0.15}$ mm	5	超差不得分	
		60mm	5	超差不得分	
	偏心距	3mm±0.05mm	2	超差不得分	
	平行度	// │ 0.05 │ B │	2	超差不得分	
	粗糙度	$Ra3.2\mu m$	3×3	降级不得分	
	倒角	1×45°	2×2	超差不得分	
		2×45°	2×2	超差不得分	
安全文明生产		(1) 着装规范 (2) 正确使用量具	10	违章不得分	
总工时	210min	检测员		总分	

任务二　锥形螺纹心轴

任务目标

(1) 掌握在三爪卡盘车削偏心件孔轴的方法。

(2) 掌握用百分表校正工件偏心距的方法。

(3) 了解垫片厚度及修正值的计算和调整。

技能训练内容

根据图 9-2 所示尺寸进行偏心轴件的加工训练。

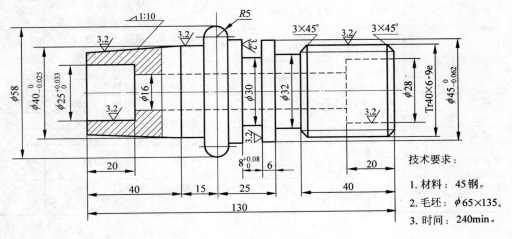

技术要求：

1. 材料：45钢。

2. 毛坯：$\phi 65 \times 135$。

3. 时间：240min。

图 9-2　锥形螺纹心轴

项目九　车削综合技能训练

141

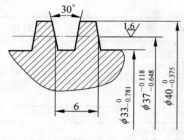

图 9-2(续)

技能训练评价

课题名称	锥形螺纹心轴		课题开展时间	指导教师	
学生姓名		分组组号			
考核内容	考 核 要 求		配分	评分标准	得分
锥形螺纹心轴	外圆及粗糙度	$\phi 45_{-0.062}^{0}$ mm，$Ra \leqslant 3.2\mu$m	6	超差不得分，$Ra>3.2\mu$m 不得分	
		$\phi 40_{-0.025}^{0}$ mm，$Ra \leqslant 3.2\mu$m	6	超差不得分，$Ra>3.2\mu$m 不得分	
		$\phi 58$mm	3	超差不得分	
	内孔及粗糙度	$\phi 25_{0}^{+0.033}$ mm，$Ra \leqslant 3.2\mu$m	10	超差不得分，$Ra>3.2\mu$m 不得分	
		$\phi 28$mm，$Ra \leqslant 3.2\mu$m	6	超差不得分，$Ra>3.2\mu$m 不得分	
		$\phi 16$mm，$Ra \leqslant 6.3\mu$m	4	超差不得分，$Ra>6.3\mu$m 不得分	
	梯形螺纹及粗糙度	Tr 大径 $\phi 40_{-0.375}^{0}$ mm，$Ra \leqslant 3.2\mu$m	3	超差不得分，$Ra>3.2\mu$m 不得分	
		Tr 中径 $\phi 37_{-0.648}^{-0.118}$ mm，$Ra \leqslant 1.6\mu$m	18	超差不得分，$Ra>1.6\mu$m 不得分	
	锥度	$1:10 \pm 4'18''$，$Ra \leqslant 3.2\mu$m	6	超差不得分，$Ra>3.2\mu$m 不得分	
	槽及粗糙度	$8_{0}^{+0.08}$ mm，$Ra \leqslant 3.2\mu$m	6	超差不得分，$Ra>3.2\mu$m 不得分	
		$\phi 30$mm	3		
		$\phi 32$mm，$Ra \leqslant 6.3\mu$m	3	不合格不得分	
	圆弧	$R5$mm，$Ra \leqslant 3.2\mu$m	6	不合格不得分	
	未注公差	8 处	1×8	不合格不得分	
	倒角	2 处　$3 \times 45°$	1×2	不合格不得分	
安全文明生产		（1）着装规范 （2）正确使用量具	10	违章不得分	
总工时	180min	检测员		总分	

任务三　螺纹偏心组合

(1) 锥配技能训练，掌握其配合间距。

(2) 三角螺纹配合训练。

(3) 梯形螺纹的加工训练。

(4) 综合类轴件的加工工艺制定。

技能训练内容

细看标题栏，自己合理安排加工顺序，对以下图纸所示工件进行车削加工。

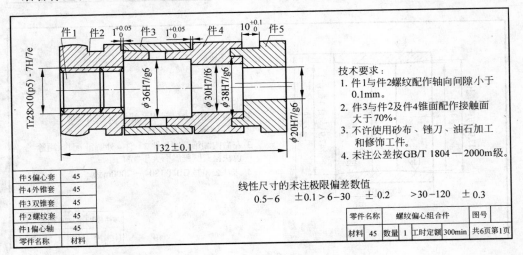

技术要求：
1. 件1与件2螺纹配作轴向间隙小于0.1mm。
2. 件3与件2及件4锥面配作接触面大于70%。
3. 不许使用砂布、锉刀、油石加工和修饰工件。
4. 未注公差按GB/T 1804—2000m级。

线性尺寸的未注极限偏差数值

0.5–6　±0.1 > 6–30　±0.2　>30–120　±0.3

件5偏心套	45
件4外锥套	45
件3双锥套	45
件2螺纹套	45
件1偏心轴	45
零件名称	材料

零件名称	螺纹偏心组合件		图号	
材料	45	数量 1	工时定额 300min	共6页第1页

143

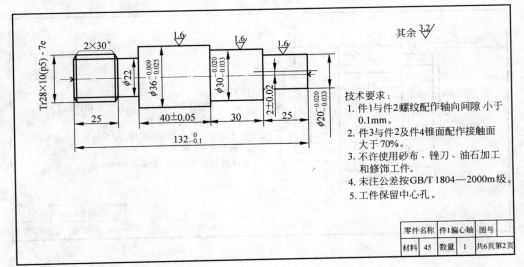

其余 3.2

技术要求：
1. 件1与件2螺纹配作轴向间隙 小于0.1mm。
2. 件3与件2及件4锥面配作接触面大于70%。
3. 不许使用砂布、锉刀、油石加工和修饰工件。
4. 未注公差按GB/T 1804—2000m级。
5. 工件保留中心孔。

零件名称	件1偏心轴	图号
材料	45	数量 1	共6页第2页

项目九　车削综合技能训练

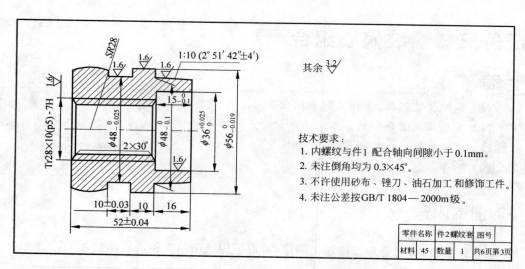

其余 $\sqrt{\dfrac{3.2}{}}$

技术要求：
1. 内螺纹与件1 配合轴向间隙小于 0.1mm。
2. 未注倒角均为 0.3×45°。
3. 不许使用砂布、锉刀、油石加工 和修饰工件。
4. 未注公差按GB/T 1804—2000m级。

零件名称	件2螺纹套	图号	
材料	45	数量	1	共6页第3页

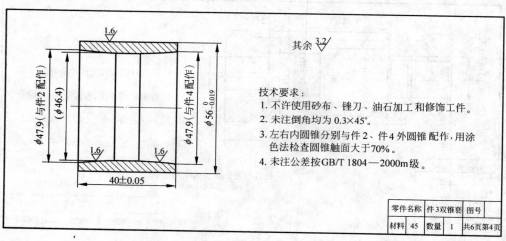

其余 $\sqrt{\dfrac{3.2}{}}$

技术要求：
1. 不许使用砂布、锉刀、油石加工 和修饰工件。
2. 未注倒角均为 0.3×45°。
3. 左右内圆锥分别与件2、件4 外圆锥配作，用涂色法检查圆锥触面大于70%。
4. 未注公差按GB/T 1804—2000m级。

零件名称	件3双锥套	图号	
材料	45	数量	1	共6页第4页

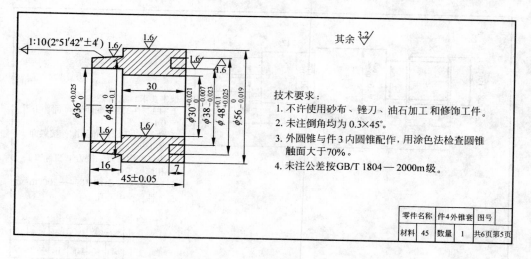

其余 $\sqrt{\dfrac{3.2}{}}$

技术要求：
1. 不许使用砂布、锉刀、油石加工 和修饰工件。
2. 未注倒角均为 0.3×45°。
3. 外圆锥与件3 内圆锥配作，用涂色法检查圆锥触面大于70%。
4. 未注公差按GB/T 1804—2000m级。

零件名称	件4外锥套	图号	
材料	45	数量	1	共6页第5页

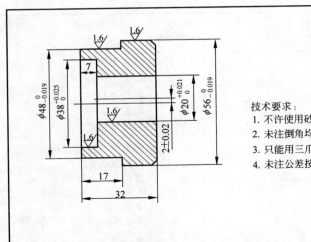

其余 $\sqrt{\dfrac{3.2}{}}$

技术要求：
1. 不许使用砂布、锉刀、油石加工和修饰工件。
2. 未注倒角均为 0.3×45°。
3. 只能用三爪卡盘加垫片的方法加工偏心部位。
4. 未注公差按GB/T 1804—2000m级。

零件名称	件5偏心套	图号	
材料	45	数量 1	共6页第6页

技能训练评价

课题名称		螺纹偏心组合		课题开展时间		指导教师
学生姓名			分组组号			
考核内容		考 核 要 求		配分	评分标准	得分
件1：偏心轴	外圆	$\phi36^{-0.009}_{-0.025}$mm		1.5	尺寸每超差无分	
		$\phi30^{-0.020}_{-0.033}$mm		1.5	超差不得分	
		$\phi20^{-0.020}_{-0.033}$mm		1.5	超差不得分	
	长度	40mm±0.05mm		1	超差不得分	
		$132^{0}_{-0.1}$mm		1	超差不得分	
	偏心距	2mm±0.02mm		2	超差不得分	
	梯形螺纹	Tr28×10(p5)大径 $\phi28^{0}_{-0.335}$mm		1	超差不得分	
		Tr28×10(p5)中径 $\phi25.5^{-0.106}_{-0.406}$mm		4	超差不得分	
		P=5mm±0.05mm		1.5	超差不得分	
		Tr28×10(p5)顶径及两牙侧 $Ra1.6\mu$m		2.4	每处 0.8 分；达不到 $Ra1.6\mu$m 无分	
	粗糙度	$Ra1.6\mu$m 3 处		2.4	每处 0.8 分；达不到 $Ra1.6\mu$m 无分	
	未注公差	5 处		1.5	每处 0.3 分，超差不得分	
	倒角	倒角 2 处，未注倒角 4 处		1.2	每处 0,2 分，超差不得分	

车工技能与训练

146

考核内容		考核要求	配分	评分标准	得分
件2：螺纹套	外圆	$\phi56_{-0.019}^{0}$ mm	1.5	尺寸超差无分	
	槽	$\phi48_{-0.025}^{0}$ mm	1.5	超差不得分	
	内孔	$\phi36_{0}^{+0.025}$ mm	1.5	超差不得分	
	长度	52mm±0.04mm	1.5	超差不得分	
		10mm±0.03mm	1.5	超差不得分	
	锥度	1:10(半角 $2°51'42''\pm4'$)	3	圆锥半角超差无分	
	梯形内螺纹	Tr28×10(p5)内螺纹(配作)	5	梯形螺纹配合轴向蹿动量不大于0.1，轴向蹿动量不大于0.1满分，配合不上无分，达不到 $Ra1.6\mu m$ 无分	
		Tr28×10(p5)内螺纹顶经及两牙侧 $Ra1.6\mu m$	2.4	每处0.8分；达不到 $Ra1.6\mu m$ 无分	
	粗糙度	$Ra1.6\mu m$　4处	3.2	每处0.8分；达不到 $Ra1.6\mu m$ 无分	
	倒角、倒棱	未注公差尺寸(2处)及 $\phi46_{-0.1}^{0}$ mm，$15_{-0.1}^{0}$ mm	0.8	每处0.2分；超差无分	
		倒角2处,未注倒角2处	1.6	每处0.2分；超差无分	
件3：双锥套	外圆	$\phi56_{-0.019}^{0}$ mm	1.5	超差不得分	
	长度	40mm±0.05mm	1	超差不得分	
	配合	锥配接触面积70%(2处)	4	接触面不小于70%,接触斑点均布者满分,接触面小于70%,接触斑点不均匀不得分	
	粗糙度	$Ra1.6\mu m$　3处	2.4	每处0.8分；达不到 $Ra1.6\mu m$ 无分	
	倒角	4处	0.8	每处0.2分；超差无分	
件4：外锥套	外圆	$\phi56_{-0.019}^{0}$ mm	1.5	超差无分	
	端面槽	$\phi48_{+0.025}^{+0.1}$ mm	1.5	超差不得分	
		$\phi38_{-0.023}^{-0.007}$ mm	1.5	超差不得分	
	内孔	$\phi36_{0}^{+0.025}$ mm	1.5	超差不得分	
		$\phi30_{0}^{+0.021}$ mm	1.5	超差不得分	
	长度	45mm±0.05mm	1	超差不得分	
	锥度	1:10(半角 $2°51'42''\pm4'$)	3	圆锥半角超差无分	
	粗糙度	$Ra1.6\mu m$　6处	4.8	每处0.8分；达不到 $Ra1.6\mu m$ 无分	
		3处未注公差尺寸及 $\phi48_{-0.1}^{0}$ mm	0.8	每处0.2分,超差无分	
	未注倒角	7处	1.4	每处0.2分,超差无分	

考核内容		考核要求	配分	评分标准	得分
件5：偏心套	外圆	$\phi 56_{-0.019}^{0}$ mm	1.5	超差无分	
		$\phi 48_{-0.019}^{0}$ mm	1.5	超差不得分	
	内孔	$\phi 38_{+0}^{+0.025}$ mm	1.5	超差不得分	
		$\phi 20_{+0}^{+0.021}$ mm	1.5	超差不得分	
	偏心距	2mm±0.02mm	2	超差不得分	
	粗糙度	$Ra1.6\mu$m　4处	3.2	每处0.8分；达不到$Ra1.6\mu$m无分	
	未注公差	3处	0.6	每处0.2分，超差无分	
	倒角、倒棱	倒角1处，未注倒角4处	1	每处0.2分，超差无分	
装配	装配间隙	$1_{0}^{+0.05}$ mm	5	每处2.5分，超差无分	
		$10_{0}^{+0.1}$ mm	3	超差无分	
	总长	132mm±0.1mm	5	超差无分	
安全文明生产		(1) 着装规范 (2) 正确使用量具		违章酌情扣分	

否定项：(1) 严重违反安全文明生产规程，发生重大事故
　　　　(2) 工件严重不符合图样要求，或不能装配

核分人		总分		评审组长	

项目 十

考证技能训练

任务一　初级车工技能训练

任务目标

（1）熟记初级车工理论知识。

（2）掌握初级车工操作技能。

技能训练内容

初级车工理论知识复习题

一、**选择题**（第 1～80 题。选择正确的答案,将相应的字母填入题内的括号中。每题 1 分,满分 80 分）

1. 点的正面投影和水平投影的连线垂直于（　　）。

    A. X 轴　　　　　B. Y 轴　　　　　C. Z 轴　　　　　D. O 轴

2. 假想用剖切面剖开机件,将处在观察者和剖切面之间的部分移去,而将其余部分向投影面投影所得到的图形,称为（　　）。

    A. 视图　　　　　B. 剖视图　　　　　C. 局部剖视图　　　　　D. 移出剖视图

3. 局部图的读图方法,首先看（　　）,了解部件名称。

    A. 零件序号　　　B. 零件图　　　C. 技术要求　　　D. 标题栏

4. 用游标卡尺测量孔径时,若量爪测量线不通过孔心,则卡尺读数值比实际尺寸（　　）。

    A. 大　　　　　B. 小　　　　　C. 相等　　　　　D. 不一定

5. 游标万能角度尺可以测量（　　）范围内的任何角度。

    A. $0°\sim360°$　　B. $50°\sim140°$　　C. $0°\sim320°$　　D. $0°\sim180°$

6. 用百分表测量时,测量杆应预先压缩 $0.3\sim1$mm,以保证一定的初始测力,避免（　　）测不出来。

    A. 尺寸　　　　　B. 公差　　　　　C. 形状公差　　　　　D. 负偏差

7. 量具在使用过程中与工件（　　）放在一起。

    A. 不能　　　　　B. 能　　　　　C. 有时不能　　　　　D. 有时能

8. 在满足功能要求的前提下,表面粗糙度就尽量选用( )数值的。
   A. 较大　　　　　B. 常用　　　　　C. 较小　　　　　D. 中等

9. V型带传动的特点是( )。
   A. 结构复杂,不适宜用于两轴中心距较大的传动场合
   B. V带有接头,富有弹性,吸振,传动平稳,无噪声
   C. 过载打滑,会致使薄弱零件损坏
   D. 不能保证精确的传动比

10. 连接螺纹多用( )螺纹。
    A. 梯形　　　　　B. 三角形　　　　C. 锯齿形　　　　D. 矩形

11. 要求在两轴相距较远、工作条件恶劣的环境下传递较大功率时,宜选用( )。
    A. 带传动　　　　B. 链传动　　　　C. 齿轮传动　　　D. 螺旋传动

12. 电动机靠( )部分输出机械转矩。
    A. 定子　　　　　B. 转子　　　　　C. 接线盒　　　　D. 风扇

13. 热继电器具有( )保护作用。
    A. 过载　　　　　B. 过热　　　　　C. 短路　　　　　D. 欠压

14. 对照明电路,下面几种情况不会引起触电事故的是( )。
    A. 人赤脚站在大地上,一手接触火线,但未接触零线
    B. 人赤脚站在大地上,一手接触零线,但未接触火线
    C. 人赤脚站在大地上,二手接触火线,但未接触零线
    D. 人赤脚站在大地上,一手接触火线,另一手接触零线

15. 下列牌号中,纯铜的牌号是( )。
    A. T7　　　　　　B. T3　　　　　　C. T12　　　　　D. Ta

16. HBW 是( )硬度的符号。
    A. 洛氏　　　　　B. 维氏　　　　　C. 布氏　　　　　D. 克氏

17. 钢制件的硬度在( )范围内,其切削加工性能最好。
    A. <140HBS　　　　　　　　　B. 170～230HBS
    C. 300～450HBS　　　　　　　D. 450～650HBS

18. 为提高低碳钢的切削加工性能,通常采用( )处理。
    A. 完全退火　　　　　　　　　B. 球化退火
    C. 去应力退火　　　　　　　　D. 正火

19. 过共析钢的淬火加热温度应选择在( )。
    A. Ac_1 以下　　　　　　　　B. $Ac_1+(30°～50°)$
    C. $Ac_3+(30°～50°)$　　　　D. $Accm+(30°～50°)$

20. 用 15 钢制造凸轮,要求表面具有高硬度而心部具有高韧性,应采用的热处理工艺是( )。
    A. 渗碳+淬火+低温回火　　　B. 退火
    C. 调质+淬火　　　　　　　　D. 表面淬火

21. CA6140 型车床代号中,C 表示(　　　)。

    A. 车床类　　　　　B. 钻床类　　　　　C. 磨床类　　　　　D. 刨床类

22. CA6140 型车床,其床身最大回转直径为(　　　)mm。

    A. 205　　　　　　B. 200　　　　　　C. 40　　　　　　D. 400

23. 滑板部分由(　　　)组成。

    A. 溜板箱、滑板和刀架　　　　　　　　B. 溜板箱、中滑板和刀架

    C. 溜板箱、丝杠和刀架　　　　　　　　D. 溜板箱、滑板和导轨

24. 尾座是用来(　　　)的。

    A. 调整主轴转速　　　　　　　　　　　B. 安装顶尖

    C. 转动　　　　　　　　　　　　　　　D. 制动

25. 车床交换齿轮箱部分的作用是把(　　　)。

    A. 主轴的旋转传给滑板箱　　　　　　　B. 主轴的旋转运动传给进给箱

    C. 主轴的旋转传给光杠　　　　　　　　D. 电动机输出的动力传给主轴箱

26. 车床主轴前轴承等重要润滑部位采用(　　　)润滑。

    A. 油泵输油　　　　B. 溅油　　　　　C. 油绳　　　　　D. 浇油

27. 车床一级保养(　　　)执行。

    A. 以操作工人为主、维修工人配合　　　B. 以操作工人为主

    C. 以维修工人为主　　　　　　　　　　D. 以专业维修人员为主

28. 车床需要变速时,安全操作要求(　　　)变速。

    A. 必须停车　　　　　　　　　　　　　B. 停车、不停车都可以

    C. 可不停车　　　　　　　　　　　　　D. 可在低速下运行

29. 用于车削台阶的车刀是(　　　)车刀。

    A. 45°　　　　　　B. 90°　　　　　　C. 圆头　　　　　D. 75°

30. 若车刀的主偏角为 75°,副偏角为 6°,则其刀尖角为(　　　)。

    A. 99°　　　　　　B. 9°　　　　　　C. 84°　　　　　　D. 15°

31. (　　　)影响切削变形和切削力。

    A. 刀尖角　　　　　B. 前角　　　　　C. 后角　　　　　D. 刃倾角

32. 精加工时,选择较大后角的原因是考虑(　　　)。

    A. 刀头强度　　　　B. 摩擦　　　　　C. 散热　　　　　D. 刚性

33. 副偏角的作用是减少副切削刃与(　　　)表面的摩擦。

    A. 工件已加工　　　B. 工件待加工　　C. 工件加工　　　D. 工件

34. 高速钢可用于制造(　　　)。

    A. 精加工刀具　　　　　　　　　　　　B. 高速切削刀具

    C. 手用工具　　　　　　　　　　　　　D. 强力切削工具

35. 加工塑性金属材料应选用(　　　)硬质合金。

    A. P 类　　　　　　B. K 类　　　　　C. M 类　　　　　D. H 类

36. 车刀装夹的高低会对(　　　)角有影响。

    A. 主偏　　　　　　B. 副偏　　　　　C. 前　　　　　　D. 刀尖

37. 当( )时,应选用较大的前角。
   A. 工件材料硬 B. 精加工
   C. 车刀材料强度差 D. 半精加工

38. 当加工工件由中间切入时,副偏角应选用( )。
   A. 6°~8° B. 45°~60° C. 90° D. 100°

39. 刃磨高速钢车刀应用( )砂轮。
   A. 碳化硅 B. 氧化铝 C. 碳化硼 D. 金刚石

40. 以 $v_c = 30\text{m/min}$ 的切削速度将一轴的直径从 $\phi 50.13\text{mm}$ 一次进给车到 $\phi 50.06\text{mm}$,则背吃刀量 a_p 为( )mm。
   A. 0.07 B. 0.035 C. 0.35 D. 0.7

41. 切削速度的计算公式是( )。
   A. $v_c = \pi Dn(\text{m/min})$ B. $v_c = \pi Dn/1000(\text{m/min})$
   C. $v_c = \pi Dn(\text{m/s})$ D. $v_c = Dn/318(\text{r/min})$

42. 钻削时,切削液主要起( )作用。
   A. 冷却 B. 润滑 C. 清洗 D. 防锈

43. 以( )速度切削塑性材料时,易产生积屑瘤。
   A. 高速切削 B. 中等切削
   C. 低速切削 D. 以上三种速度均可

44. 精加工中,为防止刀具上积屑瘤的形成,从切削用量的选择上应( )。
   A. 增大背吃刀量 B. 增大进给量
   C. 尽量使用很低或很高的切削速度 D. 增大前刀面表面粗糙度值

45. 加工中用作定位的基准称为( )基准。
   A. 定位 B. 工艺 C. 设计 D. 测量

46. 轴类零件一般以外圆作为( )基准。
   A. 定位 B. 工艺 C. 设计 D. 测量

47. ( )形状可以根据工件形状的需要进行加工。
   A. 软卡爪 B. 三卡自定心卡盘
   C. 四爪单动卡盘 D. 花盘

48. 中心架应固定在( )上。
   A. 床鞍 B. 滑板 C. 导轨 D. 床身

49. 外圆精车刀的特点是( )。
   A. 有负值刃倾角 B. 有较大的刀尖角
   C. 切削刃平直、光洁 D. 有足够的强度

50. 找正比较费时的装夹方法是( )。
   A. 两顶尖 B. 一夹一顶
   C. 三爪自定心卡盘 D. 四爪单动卡盘

51. 三爪自定心卡盘适用于装夹( )的工作。
   A. 大型、规则 B. 大型 C. 小型、规则 D. 长轴类

52. 扩孔公差等级一般可达（　　　）。

    A. IT5～IT7 　　　　　　　　　　　B. IT12～IT18

    C. IT9～IT10 　　　　　　　　　　　D. IT3～IT5

53. 通孔车刀，为了防止振动，（　　　）应磨得大些。

    A. 主偏角　　　　　B. 副偏角　　　　　C. 刃倾角　　　　　D. 后角

54. 车孔的关键技术是解决内孔的（　　　）问题。

    A. 车刀的刚性 　　　　　　　　　　B. 排屑

    C. 车刀的刚性和排屑 　　　　　　　D. 车刀的刚性和冷却

55. 当圆锥角（　　　）时，可以用近似公式计算圆锥半角。

    A. $\alpha < 6°$　　　B. $\alpha < 3°$　　　C. $\alpha < 12°$　　　D. $\alpha < 8°$

56. 当圆锥半角（　　　）时，可传递很大的转矩。

    A. $\alpha/2 < 3°$　　　B. $\alpha/2 < 1.5°$　　　C. $\alpha/2 < 6°$　　　D. $\alpha/2 < 8°$

57. 100 号米制圆锥的大端直径是（　　　）mm。

    A. 100　　　　　B. 120　　　　　C. 160　　　　　D. 200

58. 车削小批量圆锥长 $L = 50\text{mm}$，圆锥半角为 20° 的锥孔，应采用（　　　）车削。

    A. 铰内圆锥法 　　　　　　　　　　B. 转动小滑板法

    C. 仿形法 　　　　　　　　　　　　D. 偏移尾座法

59. （　　　）车圆锥质量好，可机动进给出车内、外圆锥。

    A. 偏移尾座法 　　　　　　　　　　B. 宽刃车削法

    C. 仿形法 　　　　　　　　　　　　D. 转动小滑板法

60. 对配合精度要求较高的锥度零件，用（　　　）检验。

    A. 涂色法　　　　B. 万能角度尺　　　C. 角度样板　　　D. 专用量规

61. 加工直径较小的内圆锥时，可用（　　　）来加工。

    A. 铰内圆锥法 　　　　　　　　　　B. 宽刃车削法

    C. 仿形法 　　　　　　　　　　　　D. 转动小滑板法

62. 成形面的加工方法除有（　　　）法、仿形法和成形法 3 种外，还有专用工具车成形面。

    A. 双手控制　　　B. 转动小滑板法　　　C. 靠模　　　C. 宽刃刀

63. 研磨可以获得很高的精度和极小的表面粗糙度，还可以改善工件的（　　　）误差。

    A. 形状或位置　　　B. 形状和位置　　　C. 形状　　　D. 位置

64. 螺纹的顶径是指（　　　）。

    A. 外螺纹大径 　　　　　　　　　　B. 外螺纹小径

    C. 内螺纹大径 　　　　　　　　　　D. 内螺纹中径

65. 普通螺纹中径 $D_2 = ($　　　$)$。

    A. $D - 0.5P$　　　B. $D - 0.6495P$　　　C. $D - 2m$　　　D. $D - P$

66. 1in 内有 12 牙的螺纹，其螺距为（　　　）mm。

    A. 2.12　　　　　B. 12　　　　　C. 25.4　　　　　D. 0.083

67. 非螺纹密封的圆锥管螺纹,其锥度为(   )。
    A. 1:16   B. 1:20   C. 1:10   D. 7:24

68. 高速车削螺纹时,应使用(   )车刀。
    A. 硬质合金   B. 高速钢   C. 工具钢   D. 合金钢

69. 高速车削螺纹时,只能采用(   )法。
    A. 斜进   B. 直进   C. 左右切削   D. 车直槽

70. 用丝杠螺距12mm的车床车削导程1.5mm的螺纹,计算交换齿轮的公式为(   )。
    A. (50/100)×(100/30)   B. (10/100)×(30/24)
    C. (10/100)×(150/120)   D. (50/100)×(30/120)

71. 螺纹量规是检验螺纹(   )的一种方便工具。
    A. 螺距精度   B. 大径   C. 中径   D. 综合参数

72. 测量外螺纹中径精确的方法是采用(   )。
    A. 三针测量   B. 螺纹千分尺   C. 螺纹量规   D. 游标卡尺

73. 工件刚性不足引起振动,会使工件(   )。
    A. 表面粗糙度达不到要求   B. 产生锥度
    C. 产生圆度误差   D. 尺寸精度达不到要求

74. 车床操作过程中,符合安全生产的是(   )。
    A. 不准解除运动着的工件   B. 离开时间短不用停机
    C. 短时间离开不用切断电源   D. 卡盘停不稳可用手扶住

75. 在砂轮机上,可以磨(   )。
    A. 木材   B. 钢   C. 铝   D. 铜

76. 在防火规范中,有关物质的危险等级划分是以(   )为准的。
    A. 燃点   B. 自燃   C. 闪点   D. 燃烧

77. 安全色标中,黄色表示(   )。
    A. 警告、注意   B. 警告、通行   C. 注意、通行   D. 注意、停止

78. 下班前,应清除车床上的切削,擦净、加油,床鞍摇至(   )。
    A. 床头一端   B. 床尾一端   C. 床身中间   D. 任何位置

79. 加工零件及装配、调试和维修机器等是(   )的主要任务。
    A. 钳工   B. 电工
    C. 车工   D. 机床维修

80. 一般来说,粗磨时选用(   )砂轮,精磨时选用(   )砂轮。
    A. 粗粒度,细粒度   B. 细粒度,细粒度
    C. 细粒度,粗粒度   D. 粗粒度,粗粒度

二、判断题(第81～100题。将判断结果填入括号中。正确的填"√",错误的填"×"。每题1分,满分20分)

81. 中心投影法中,投射线与投影垂直时的投影称为正投影。   (   )
82. 外螺纹的规定画法是牙顶(大径)及螺纹终止线用粗实线表示。   (   )

83. 圆柱度公差、同轴度公差及圆度公差都属于形状公差。　　　　　（　　）

84. 构件是机器的运动单元。　　　　　　　　　　　　　　　　　（　　）

85. 直齿圆柱齿轮传动中,只有当两个齿轮的压力角和模数都相等时,这两个齿轮才能啮合。　　　　　　　　　　　　　　　　　　　　　　　　　（　　）

86. 40Gr 钢是最常用的合金调质钢。　　　　　　　　　　　　　　（　　）

87. 当刀尖位于主切削刃的最高点时,刃倾角为正值。　　　　　　　（　　）

88. 装夹车刀时,压力螺钉,应先拧紧前面的,后拧紧后面的。　　　（　　）

89. 负值刃倾角可增加刀头强度。　　　　　　　　　　　　　　　　（　　）

90. 车削时,工件的旋转是主运动。　　　　　　　　　　　　　　　（　　）

91. 切削用量是衡量切削运动大小的参数。　　　　　　　　　　　　（　　）

92. 粗车时,选择切削用量的顺序是 $v_c \rightarrow a_p \rightarrow f$。　　　　　　　　（　　）

93. 增大刀尖圆弧半径,可减少表面粗糙度。　　　　　　　　　　　（　　）

94. 外圆精车刀必须使切屑排向待加工表面,所以应选负值刃倾角。　（　　）

95. 手用铰刀工作部分较长,主偏角较小。　　　　　　　　　　　　（　　）

96. 铰削余量小,表面粗糙度好。　　　　　　　　　　　　　　　　（　　）

97. 外圆锥双曲线误差是中间凹进。　　　　　　　　　　　　　　　（　　）

98. 已知梯形螺纹的公称直径为 36mm,螺距 $P=6$mm,牙顶间隙 $a_c=0.5$mm,则牙槽底宽为 2.196mm。　　　　　　　　　　　　　　　　　　　　　　（　　）

99. 车削螺纹时,车刀进给方向的工作后角减小。　　　　　　　　　（　　）

100. 车蜗杆时,一定会乱牙。　　　　　　　　　　　　　　　　　（　　）

任务二　中级车工技能训练

任务目标

(1) 熟记中级车工理论知识。

(2) 掌握中级车工操作技能。

技能训练内容

中级车工理论知识复习题

一、选择题(第 1~80 题。选择一个正确的答案,将相应的字母填入题内的括号中。每题 1 分,满分 80 分)

1. 以下违反安全操作规程的是(　　)。

A. 严格遵守生产纪律　　　　　　B. 遵守安全操作规程

C. 执行国家劳动保护政策　　　　D. 可使用不熟悉的机床和工具

2. 以下不爱护设备的做法是(　　)。

　　A. 定期拆装设备　　　　　　　　　B. 正确使用设备

　　C. 保持设备清洁　　　　　　　　　D. 及时保养设备

3. 以下不符合着装整洁文明生产要求的是(　　)。

　　A. 按规定穿戴好防护用品　　　　　B. 遵守安全技术操作规程

　　C. 优化工作环境　　　　　　　　　D. 在工作中吸烟

4. 当孔的下偏差大于相配合的轴的上偏差时,此配合的性质是(　　)。

　　A. 间隙配合　　　B. 过度配合　　　C. 过盈配合　　　D. 无法确定

5. 轴承合金应具有的性能之一是(　　)。

　　A. 足够的加工硬化能力　　　　　　B. 高的耐磨性和小的摩擦系数

　　C. 足够的热硬性　　　　　　　　　D. 良好的磁性

6. (　　)用来传递运动和动力。

　　A. 起重链　　　　B. 牵引链　　　　C. 传动链　　　　D. 动力链

7. 按齿轮形状不同可将齿轮传动分为(　　)传动和圆锥齿轮传动两类。

　　A. 斜齿轮　　　　　　　　　　　　B. 圆柱齿轮

　　C. 直齿轮　　　　　　　　　　　　D. 齿轮齿条

8. (　　)是在钢中加入较多的钨、钼、铬、钒等合金元素,用于制造形状复杂的切削刀具。

　　A. 硬质合金　　　　　　　　　　　B. 高速钢

　　C. 合金工具钢　　　　　　　　　　D. 碳素工具钢

9. 使主运动能够继续切除工件多余的金属,以形成工作表面所需的运动,称为(　　)。

　　A. 进给运动　　　B. 主运动　　　　C. 辅助运动　　　D. 切削运动

10. 公法线千分尺是用于测量齿轮的(　　)。

　　A. 模数　　　　　B. 压力角　　　　C. 公法线长度　　D. 分度圆直径

11. 百分表的分度值是(　　)mm。

　　A. 1　　　　　　B. 0.1　　　　　　C. 0.01　　　　　D. 0.001

12. 铣削不能加工的表面是(　　)。

　　A. 平面　　　　　　　　　　　　　B. 沟槽

　　C. 各种回转表面　　　　　　　　　D. 成形面

13. 车床主轴是带有通孔的(　　)。

　　A. 光轴　　　　　B. 多台阶轴　　　C. 曲轴　　　　　D. 配合轴

14. 箱体重要加工表面要划分(　　)两个阶段。

　　A. 粗、精加工　　B. 基准、非基准　　C. 大与小　　　　D. 内与外

15. 车床主轴箱齿轮精车前热处理方法为(　　)。

　　A. 正火　　　　　B. 淬火　　　　　C. 高频淬火　　　D. 表面热处理

16. (　　)除具有抗热、抗湿及优良的润滑性能外,还能对金属表面起良好的保护作用。

　　A. 钠基润滑脂　　　　　　　　　　B. 锂基润滑脂

C. 铝基及复合铝基润滑脂　　　　D. 钙基润滑脂

17. 常用固体润滑剂可以在（　　）下使用。

A. 低温高压　　B. 高温低压　　C. 低温低压　　D. 高温高压

18. 起锯时手锯行程要短,压力要（　　）,速度要慢。

A. 小　　　　　B. 大　　　　　C. 极大　　　　D. 无所谓

19. 锉削时,应充分使用锉刀的（　　）,以提高锉削效率,避免局部磨损。

A. 锉齿　　　　B. 两个面　　　C. 有效全长　　D. 侧面

20. 以下关于低压断路器的叙述不正确的是（　　）。

A. 不具备过载保护功能　　　　　B. 安装使用方便,动作值可调

C. 操作安全,工作可靠　　　　　D. 用于不频繁通断的电路中

21. 以下关于主令电器的叙述不正确的是（　　）。

A. 晶体管接近开关不属于行程开关

B. 按钮分为常开、常闭和复合按钮

C. 按钮只允许通过小电流

D. 行程开关用来限制机械运动的位置或行程

22. 正确的触电救护措施是（　　）。

A. 打强心针　　B. 接氧气　　　C. 人工呼吸　　D. 按摩胸口

23. 环境保护法的基本任务不包括（　　）。

A. 促进农业开发　　　　　　　　B. 保障人民健康

C. 维护生态平衡　　　　　　　　D. 合理利用自然资源

24. 图样上符号⊥是（　　）,公差叫（　　）。

A. 位置,垂直度　B. 形状,直线度　C. 尺寸,偏差　D. 形状,圆柱度

25. 偏心轴的结构特点是两轴线（　　）而不重合。

A. 垂直　　　　B. 平行　　　　C. 相交　　　　D. 相切

26. 齿轮零件的剖视图表示了内花键的（　　）。

A. 几何形状　　B. 相互位置　　C. 长度尺寸　　D. 内部尺寸

27. 齿轮的花键宽度 8mm,最小极限尺寸为（　　）mm。

A. 7.935　　　B. 7.965　　　C. 8.035　　　D. 8.065

28. 画零件图的方法步骤是:①选择比例和图幅;②布置图面,完成底稿;③检查底稿后,再描深图形;④（　　）。

A. 填写标题栏　B. 布置版面　　C. 标注尺寸　　D. 存档保存

29. CA6140 型车床尾座的主视图采用（　　）,它同时反映了顶尖、丝杠、套筒等主要结构和尾座体、导板等大部分结构。

A. 全剖面　　　B. 阶梯剖视　　C. 局部剖视　　D. 剖面图

30. 识读装配图的方法之一是从标题栏和明细表中了解部件的（　　）和组成部分。

A. 比例　　　　B. 名称　　　　C. 材料　　　　D. 尺寸

31. 增大装夹时的接触面积,可采用特制的（　　）和开缝套筒,这样可使夹紧力 P 均

匀,减小工件的变形。

    A. 夹具   B. 三爪   C. 四爪   D. 软卡爪

32. 刀具从何处切入工件,经过何处,又从何处(　　　)等加工路径必须在程序编制前
确定好。

    A. 变速   B. 进给   C. 变向   D. 退刀

33. 空间直角坐标系中的自由体,共有(　　　)个自由度。

    A. 7   B. 5   C. 6   D. 8

34. 长方体工件的底面在 3 个支撑点上,限制了工件的(　　　)个自由度。

    A. 4   B. 3   C. 5   D. 2

35. 夹紧力的作用点应尽量落在主要(　　　)面上,以保证夹紧稳定可靠。

    A. 基准   B. 定位   C. 圆柱   D. 圆锥

36. 高速钢是含有钨、铬、钒、钼等合金元素较多的(　　　)。

    A. 铸铁   B. 合金钢   C. 低碳钢   D. 高碳钢

37. 钨、钛、钴类硬质合金是由碳化钨、碳化钛和(　　　)组成。

    A. 钒   B. 铌   C. 钼   D. 钴

38. 负前角仅适用于硬质合金车刀车削锻件、铸件毛坯和(　　　)的材料。

    A. 硬度低   B. 硬度很高   C. 耐热性   D. 强度高

39. 副偏角一般采用(　　　)。

    A. $10°\sim15°$ B. $6°\sim8°$ C. $1°\sim5°$ D. $-6°$

40. 高速钢刀具的刃口圆弧半径最小可磨到(　　　)。

    A. $10\sim15\mu m$ B. $1\sim2mm$ C. $0.1\sim0.3mm$ D. $50\sim100\mu m$

41. 工件的精度和表面粗糙度在很大程度上决定于主轴部件的刚度和(　　　)精度。

    A. 测量   B. 形状   C. 位置   D. 回转

42. CA6140 车床开合螺母机构由半螺母、(　　　)、槽盘、楔铁、手柄、轴、螺钉和螺母
组成。

    A. 圆锥销   B. 圆柱销   C. 开口销   D. 丝杆

43. 主轴上的滑移齿轮 $Z=50$ 向(　　　)移,使齿轮式离合器 M2 接合时,使主轴获得
中、低转速。

    A. 左   B. 右   C. 上   D. 下

44. 强力车削时自动进给停止的原因之一是机动进给(　　　)的定位弹簧压力过松。

    A. 机构   B. 加工   C. 齿轮   D. 手柄

45. 参考点也是机床上的一个固定点,设置在机床移动部件的(　　　)极限位置。

    A. 负向   B. 正向   C. 进给   D. 零

46. 工件坐标系的 Z 轴一般与主轴轴线(　　　),X 轴随工件原点位置不同而异。

    A. 垂直   B. 平行   C. 相交   D. 重合

47. 细长轴图样端面处的 2-B3.15/10 表示两端面中心孔为(　　　)型,前端直径
3.15mm,后端最大直径 10mm。

A. A   B. B   C. C   D. R

48. 加工细长轴要使用中心架和跟刀架,以增加工件的（　　）刚性。

     A. 工作   B. 加工   C. 回转   D. 安装

49. 中心架安装在床身（　　）上,当中心架支承在工件中间,工件的刚性可提高好几倍。

     A. 导轨   B. 尾座   C. 立柱   D. 底座

50. 伸长量与工件的总长度有关,对于长度（　　）的工件,热变形伸长量较小,可忽略不计。

     A. 很长   B. 较长   C. 较短   D. 很大

51. 加工细长轴时,如果采用一般的顶尖,由于两顶尖之间的距离不变,当工件在加工过程中受热变形伸长时,必然会造成工件（　　）变形。

     A. 挤压   B. 受力   C. 热   D. 弯曲

52. 两顶尖装夹的优点是安装时不用找正,（　　）精度较高。

     A. 定位   B. 加工   C. 位移   D. 回转

53. 当工件数量较少,长度较短,不便于用两顶尖安装时,可在四爪（　　）卡盘上装夹。

     A. 偏心   B. 单动   C. 专用   D. 定心

54. 垫片的厚度近似公式计算中 Δe 表示试车后,（　　）偏心距与所要求的偏心距误差即 $\Delta e = e - e_{测}$。

     A. 实测   B. 理论   C. 图纸上   D. 计算

55. 偏心卡盘分两层,低盘安装在（　　）上,三爪自定心卡盘安装在偏心体上,偏心体与底盘燕尾槽配合。

     A. 刀架   B. 尾座   C. 卡盘   D. 主轴

56. 曲轴车削中除保证各曲柄（　　）对主轴颈的尺寸和位置精度外,还要保证曲柄轴承间的角度要求。

     A. 机构   B. 摇杆   C. 滑块   D. 轴颈

57. 测量曲轴量具有游标卡尺、（　　）、万能角度尺、钢直尺、螺纹环规等。

     A. 内径表   B. 千分尺   C. 塞规   D. 量块

58. 工件图样中的梯形螺纹（　　）轮廓线用粗实线表示。

     A. 剖面   B. 中心   C. 牙型   D. 小径

59. 梯形螺纹的车刀材料主要有（　　）合金和高速钢两种。

     A. 铝   B. 硬质   C. 高温   D. 铁碳

60. 梯形螺纹的代号用"Tr"及公称直径和（　　）表示。

     A. 牙顶宽   B. 导程   C. 角度   D. 螺距

61. 车槽法是先用车槽刀采用直进法车出螺旋直槽,然后用梯形螺纹粗车刀粗车螺纹（　　）。

     A. 牙顶   B. 两侧面   C. 中径   D. 牙高

62. 精车矩形螺纹时,应采用（　　　）法加工。

　　A. 直进　　　　　B. 左右切削　　　　C. 切直槽　　　　D. 分度

63. 加工矩形 42mm×6mm 的内螺纹时,其小径 D_1 为（　　　）mm。

　　A. 35　　　　　　B. 38　　　　　　　C. 37　　　　　　D. 36

64. 加工蜗杆的刀具主要有（　　　）车刀、90°车刀、切槽刀、内孔车刀、麻花钻、蜗杆刀等。

　　A. 锉　　　　　　B. 45°　　　　　　C. 刮　　　　　　　D. 15°

65. 蜗杆量具主要有游标卡尺、千分尺、莫氏 NO.3 锥度塞规、万能角度尺、（　　　）卡尺、量针、钢直尺等。

　　A. 齿轮　　　　　B. 深度　　　　　　C. 数显　　　　　D. 精密

66. 蜗杆的齿形和（　　　）螺纹的相似,米制蜗杆的牙型角为（　　　）。

　　A. 锯齿形　　　　B. 矩形　　　　　　C. 方牙形　　　　D. 梯形

67. 法向直廓蜗杆又称 ZN 蜗杆,这种蜗杆在法向平面内齿形为直线,而在垂直于轴线（　　　）的内齿形为延长线渐开线,所以又称延长渐开线蜗杆。

　　A. 水平面　　　　B. 基面　　　　　　C. 剖面　　　　　D. 前面

68. 车削轴向模数 m_x=3 的双线蜗杆,如果车床小滑板刻度盘每格为 0.05mm,小滑板应转过的格数为（　　　）。

　　A. 123.528　　　B. 188.496　　　　C. 169.12　　　　D. 147.321

69. 多孔插盘装在车床主轴上,转盘上有 12 个等分的,精度很高的（　　　）插孔,它可以对 2、3、4、6、8、12 线蜗杆进行分线。

　　A. 安装　　　　　B. 定位　　　　　　C. 圆锥　　　　　D. 矩形

70. 车削法向直廓蜗杆时,应采用垂直装刀法。即装夹刀时,应使车刀两侧刀刃组成的平面与齿面（　　　）。

　　A. 相交　　　　　B. 平行　　　　　　C. 垂直　　　　　D. 重合

71. 飞轮零件应（　　　）放置在工作台上,用卡爪装夹。

　　A. 水平　　　　　B. 垂直　　　　　　C. 任意　　　　　D. 斜向

72. 测量连接盘的量具有游标卡尺、钢直尺、分尺、（　　　）尺、万能角度尺、内径百分表等。

　　A. 米　　　　　　B. 塞　　　　　　　C. 直　　　　　　D. 木

73. 立式车床结构布局上的主要特点是主轴竖直布置,一个（　　　）较大的圆形工作台呈水平布置,供装夹工件用。

　　A. 直径　　　　　B. 长度　　　　　　C. 角度　　　　　D. 内径

74. 当检验高精度轴向尺寸时量具应选择检验（　　　）、量块、百分表及活动表架等。

　　A. 弯板　　　　　B. 平板　　　　　　C. 量规　　　　　D. 水平仪

75. 圆锥齿轮的零件图中,（　　　）尺寸计算属于理论交点尺寸计算。

　　A. 直径　　　　　　　　　　　　　　B. 锥度

　　C. 长度　　　　　　　　　　　　　　D. 螺纹

76. 测量偏心距时,用顶尖顶住基准部分的中心孔,百分表测头与偏心部分外圆接触,用手转动工件,百分表读数最大值与最小值之差的(　　)就是偏心距的实际尺寸。

      A. 一半　　　　　B. 2 倍　　　　　C. 1 倍　　　　　D. 尺寸

77. 圆锥体(　　)直径 d 可用公式 $d = M - 2R\left(1 + 1/\cos\dfrac{\alpha}{2} + \tan\dfrac{\alpha}{2}\right)$ 求出。

      A. 小端　　　　　B. 大端　　　　　C. 内孔　　　　　D. 中端

78. 把直径为 D_1 的大钢球放入锥孔内,用高度尺测出钢球 D_1 最高点到工件的距离,通过计算可测出工件(　　)的大小。

      A. 圆锥角　　　　B. 小径　　　　　C. 高度　　　　　D. 孔径

79. 双线螺纹的螺距主要由它的分线精度决定,若分线误差大,车出的(　　)误差就大。

      A. 牙型　　　　　B. 导程　　　　　C. 螺距　　　　　D. 间隙

80. 蜗杆(　　)圆直径实际上就是中径,其测量的方法和三针测量普通螺纹中径的方法相同,只是千分尺读数值 M 的计算公式不同。

      A. 分度　　　　　B. 理想　　　　　C. 最大　　　　　D. 中间

二、判断题(第 81～100 题。将判断结果填入括号中。正确的填"√",错误的填"×"。每题 1 分,满分 20 分)

81. 职业道德的实质内容是建立全新的社会主义劳动关系。　　　　　　　　(　　)

82. 遵守法纪,廉洁奉公是每个从业者应具备的道德品质。　　　　　　　　(　　)

83. 公差等级相同,其加工精度一定相同,公差数值相等时,其加工精度不一定相同。

                                                                (　　)

84. ZChSnSb8-4 为铅基轴承合金。　　　　　　　　　　　　　　　　　(　　)

85. 通常刀具材料的硬度越高,耐磨性越好。　　　　　　　　　　　　　(　　)

86. 锉削速度一般应在 40 次/min 左右,推出时稍快,回程时稍慢。　　　(　　)

87. 岗位的质量保证措施与责任就是岗位的质量要求。　　　　　　　　　(　　)

88. 采用两顶尖偏心中心孔的方法加工曲轴时,应选用工件外圆为精基准。　(　　)

89. 在同一螺旋线上,相邻两牙在中心线上对应两点之间的轴线距离,称为导程。

                                                                (　　)

90. 数控车床脱离了普通车床的结构形式,由床身、主轴箱、刀架、冷却、润滑系统等部分组成。　　　　　　　　　　　　　　　　　　　　　　　　　(　　)

91. 螺旋夹紧装置由于结构简单,夹紧可靠,所以应用广泛。　　　　　　(　　)

92. 加工细长轴一般采用一夹一顶的装夹方法。　　　　　　　　　　　　(　　)

93. 高速钢梯形螺纹精车刀的牙型角应用万能角尺测量。　　　　　　　　(　　)

94. 非整圆孔工件加工比较容易。　　　　　　　　　　　　　　　　　　(　　)

95. 粗加工车非整圆孔工件时,用四爪单动卡盘装夹。　　　　　　　　　(　　)

96. 锯齿形螺纹车刀的刀尖角对称且相等。　　　　　　　　　　　　　　(　　)

97. 操作立式车床时只能在主传动机构停止运转后测量工件。　　　　　　(　　)

98. 量块主要用来进行相对测量的量具。　　　　　　　　　　　　　　　(　　)

99. 内径千分尺可用来测量两平行完整孔的心距。 （　　）

100. 使用正弦规测量时,工件放置在后挡板的工作台上。 （　　）

三、实操模拟试题

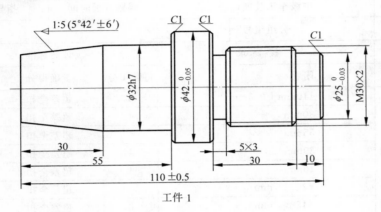

工件1

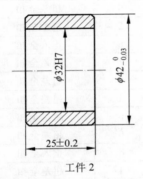

工件2

技术要求:
1. 未注倒角0.5×45°。
2. 不准用油石、砂布修整工件。
3. 未注公差尺寸按IT12。
4. $\phi35$mm、$\phi42$mm(2处)、$\phi25$mm粗糙度$Ra1.6\mu$m,
   其余 $Ra3.2\mu$m。
5. 时间:180min。

实操试题加工步骤如下:

(1) 夹住毛坯,伸出约40mm,粗、精车工件2 $\phi42_{-0.03}^{0}$mm外圆至尺寸要求。

(2) 用$\phi30$mm的钻头钻孔,孔深约30mm,粗、精车$\phi32$H7mm内孔至尺寸要求,并加工内外倒角。

(3) 切断,留0.5mm的余量。

(4) 调头,夹住工件2 $\phi42_{-0.03}^{0}$mm外圆(垫铜皮),车端面,保证总长25mm±0.2mm至尺寸要求,并加工内外倒角。

(5) 更换工件,夹住工件1毛坯,伸出约50mm,粗车工件1右端$\phi25_{-0.03}^{0}$mm外圆、M30×2外圆,留余量2mm。

(6) 调头,夹住M30×2外圆,车端面,保证总长110mm±0.5mm至尺寸要求。

(7) 粗、精车$\phi32$h7外圆、$\phi42_{-0.05}^{0}$mm外圆至尺寸要求。

(8) 调1∶5锥度,粗、精车工件1左端外圆锥面,加工左端倒角。

(9) 调头,夹住$\phi32$h7外圆(垫铜皮),精车M30×2外圆、$\phi25_{-0.03}^{0}$mm外圆至尺寸要求,切5mm×3mm槽,加工右端倒角。

(10) 粗、精车M30×2螺纹。

课题名称		中级车工技能训练		课题开展时间		指导教师	
学生姓名			分组组号				
考核内容		考核要求		配分	评分标准		得分
理论考核		闭卷		每题1分	正确得分		
实操件1	长度尺寸	$110mm \pm 0.5mm$		5	超差全扣		
		30mm		4	超差全扣		
		55mm		4	超差全扣		
		30mm		4	超差全扣		
		10mm		4	超差全扣		
	外圆尺寸	$\phi 25_{-0.03}^{0}mm$		7	超差全扣		
		$\phi 42_{-0.05}^{0}mm$		6	超差全扣		
		$\phi 32h7mm$		6	超差全扣		
		$\phi 30mm$		2	超差全扣		
	螺纹	$M30 \times 2$		8	止入全扣		
		螺距2mm		1	超差全扣		
	锥度	$1:5$		8	超差全扣		
	槽宽	$5mm \times 3mm$		4	超差全扣		
实操件2	长度尺寸	$25mm \pm 0.2mm$		6	超差全扣		
	外圆尺寸	$\phi 42_{-0.03}^{0}mm$		6	超差全扣		
	孔	$\phi 32H7mm$		8	止入全扣		
实操件1与实操件2	表面粗糙度	$Ra1.6\mu m$ 8处		4	超差全扣		
		$Ra3.2\mu m$ 8处		4	超差全扣		
	倒角	C1		6	超差全扣		
		倒棱		3	超差全扣		
安全文明生产		遵守操作规程；违反安全文明生产规程酌情扣分；出现事故得零分					
锥度螺杆		开始时间		停工时间	结束时间		总用时
考评员							
检测员							

任务三　高级车工技能训练

任务目标

（1）熟记高级车工理论知识。

（2）掌握高级车工操作技能。

高级车工理论知识复习题

一、选择题（第 1～80 题。选择一个正确的答案,将相应的字母填入题内的括号中。每题 1 分,满分 80 分）

1. 机械油的牌号越大,则说明其(　　)。
   A. 纯度越高　　　B. 流动性越差　　　C. 黏度越小　　　D. 质量越好

2. 油液的黏度越大,(　　)。
   A. 内摩擦力就越大,流动性较好
   B. 内摩擦力就越大,流动性较差
   C. 内摩擦力就越小,流动性较好
   D. 内摩擦力就越小,流动性较差

3. 制定工艺卡片时,选择机床的(　　)应与工件的生产类型相适应。
   A. 精度　　　　　B. 生产率　　　　　C. 规格　　　　　D. 型号

4. 先导式溢流阀内有一根平衡弹簧和一根压力弹簧,平衡弹簧比压力弹簧的弹簧刚度(　　)。
   A. 一样　　　　　B. 大　　　　　　C. 小　　　　　　D. 不定

5. 根据(　　)的不同,控制阀分为压力控制阀和流量控制阀。
   A. 压力　　　　　　　　　　　　B. 结构形式
   C. 用途和工作特点　　　　　　　D. 控制方式

6. 制定工艺卡片时,选择机床的(　　)应与工件尺寸大小相适应,做到合理使用设备。
   A. 规格　　　　　B. 精度　　　　　C. 类型　　　　　D. 生产率

7. 回油节流调速回路的特点(　　)。
   A. 背压为零
   B. 经节流阀而发热的油液不易散热
   C. 广泛用于功率不大,负载变化较大的液压系统或运动平衡性要求较高的液压系统中
   D. 串接背压阀可提高运动的平稳性

8. 常用流量控制阀有节流阀和(　　)等。
   A. 溢流阀　　　　B. 顺序阀　　　　C. 换向阀　　　　D. 调速阀

9. 工件装夹在短 V 形块上定位,它可以限制工件(　　)个自由度。
   A. 2　　　　　　B. 3　　　　　　C. 4　　　　　　D. 5

10. 一台电动机启动后,另一台电动机方可启动的控制方式属于(　　)。
    A. 多地控制　　　B. 顺序控制　　　C. 程序控制　　　D. 混合控制

11. 在机床电气控制线路中,实现电动机短路保护的电器是(　　)。

    A. 熔断器　　　　B. 热继电器　　　　C. 接触器　　　　D. 中间继电器

12. 组合夹具根据定位和夹紧方式的不同,可分槽系和孔系两大类。这两类组合夹具各有(　　)个规格。

    A. 2　　　　　　　B. 3　　　　　　　C. 4　　　　　　　D. 5

13. 接触器自锁控制功能是由接触器的(　　)完成。

    A. 线圈　　　　　B. 主触点　　　　　C. 辅助常开触点　　D. 辅助常闭触点

14. 标准麻花钻棱边上后角为(　　)。

    A. 10°　　　　　　B. 0°　　　　　　　C. −10°　　　　　　D. 5°

15. 若电动机在启动时发出"嗡嗡"声,其可能的原因是(　　)。

    A. 电流过大　　　B. 轴承损坏　　　　C. 接触器故障　　　D. 触头损坏

16. 能保证平均传动比准确的是(　　)。

    A. 带传动　　　　B. 链传动　　　　　C. 斜齿轮传动　　　D. 蜗杆传动

17. 已知下列标准直齿圆柱齿轮 $z_1=50, d=100$mm;$z_2=50, m_2=3$mm;$z_3=35,$ $m_3=4$mm;$z_4=40, m_4=2$mm,能正确啮合的一对齿轮是(　　)。

    A. 1和2　　　　　B. 1和3　　　　　C. 2和4　　　　　D. 1和4

18. 自行车的后飞轮应采用(　　)。

    A. 摩擦离合器　　B. 安全联轴器　　　C. 超越离合器　　　D. 侧齿式离合器

19. 定位销使用的数目不得少于(　　)个。

    A. 2　　　　　　　B. 3　　　　　　　C. 4　　　　　　　D. 6

20. 被轴承支承的部位称为(　　)。

    A. 轴肩　　　　　B. 轴颈　　　　　　C. 轴头　　　　　　D. 轴身

21. 遵循自为基准原则可以使(　　)。

    A. 生产率提高　　　　　　　　　　B. 费用减少

    C. 夹具数量减少　　　　　　　　　D. 加工余量小而均匀

22. 测量已加工表面尺寸及位置,对于选择的测量基准下面(　　)是正确的。

    A. 测量基准是唯一的　　　　　　　B. 可能有几种情况来确定

    C. 虚拟的　　　　　　　　　　　　D. A、B 和 C 都不对

23. 如果零件上有多个不加工表面,则应以其中与加工面相互位置要求(　　)表面做粗基准。

    A. 最高的　　　　　　　　　　　　B. 最低的

    C. 不高不低的　　　　　　　　　　D. A、B 和 C 都可以

24. 装配基准是(　　)时所采用的一种基准。

    A. 定位　　　　　B. 装配　　　　　　C. 测量　　　　　　D. 工件加工

25. 定位误差指工件定位时被加工表面的(　　)沿工序尺寸方向上的最大变动量。

    A. 定位基准　　　　　　　　　　　B. 测量基准

    C. 装配基准　　　　　　　　　　　D. 工序基准

26. 标准麻花钻主切削刃上各点处的前角是变化的,靠外圆处前角( )。
    A. 大   B. 0°   C. 小   D. 以上都对

27. 对于外方内圆的薄壁工件,对夹紧力承受最薄弱的环节是( )。
    A. 四角顶点   B. 轴向   C. 对边中心处   D. 内圆面

28. 修磨标准麻花钻横刃,有修短横刃和改善横刃( )两种方法。
    A. 顶角   B. 前角   C. 斜角   D. 对上都对

29. 当生产批量大时,从下面选择出一种最好的曲轴加工方法是( )。
    A. 直接两顶尖装夹   B. 偏心卡盘装夹
    C. 专用偏心夹具装夹   D. 使用偏心夹板在两顶尖间装夹

30. 按照通用性程度来划分夹具种类,( )不属于这一概念范畴。
    A. 通用夹具   B. 专用夹具
    C. 组合夹具   D. 气动夹具

31. 在夹具的设计步骤上,首先应做的工作是( )。
    A. 拟订结构方案   B. 绘制结构草图
    C. 研究原始资料   D. 绘制夹具总图

32. 修磨标准麻花钻的前面,主要是改变( )的大小和前面形式,以适应加工不同材料的需要。
    A. 顶角   B. 横刃斜角   C. 前角   D. 后角

33. 关于过定位,下面说法正确的是( )。
    A. 过定位限制了 6 个自由度
    B. 过定位绝对禁止采用
    C. 如果限制的自由度数目小于 4 个就不会出现过定位
    D. 过定位一定存在定位误差

34. 工件材料或切屑底层的硬质点,可在刀具表面刻画出沟纹,这就是( )磨损。
    A. 冷焊   B. 磨粒   C. 扩散   D. 热焊

35. 关于夹紧装置的夹紧部分的作用,下面说法中错误的是( )。
    A. 能改变力的大小   B. 能改变力的方向
    C. 有自锁作用   D. 能产生原始动力

36. 当斜楔与工件、夹具体间摩擦角分别为 ψ_1、ψ_2 时,要想使斜楔机构能自锁,那么斜楔升角 α 应满足( )。
    A. $\alpha = \psi_1 + \psi_2$ B. $\alpha > \psi_1 + \psi_2$
    C. $\alpha < \psi_1 + \psi_2$ D. $\alpha = 30°$

37. 修磨标准麻花钻顶角,形成双重顶角,修磨后外缘的( )增大,使切削刃承载能力提高。
    A. 刀尖角   B. 横刃斜角   C. 前角   D. 后角

38. 刃磨中等尺寸基本型群钻参数共有 14 个,其中( )个是长度参数。
    A. 5   B. 6   C. 7   D. 8

39. 对于螺旋夹紧机构螺钉头部安装压块的主要作用,叙述不正确的是(　　)。

    A. 保护工件的加工表面   B. 防止螺钉旋转时定位遭到破坏

    C. 避免压坏工件表面   D. 使夹紧迅速

40. 一个尺寸链中(　　)封闭环。

    A. 一定有 2 个   B. 一定有 3 个

    C. 只有 1 个   D. 可能有 3 个

41. 拟订(　　)是制订工艺文件中的关键性的一步。

    A. 工艺路线   B. 工艺规程

    C. 预备热处理工序   D. 最终热处理工序

42. 为了去除由于塑性变形、焊接等原因造成的以及铸件内存的残余应力而进行的热处理称为(　　)。

    A. 完全退火   B. 球化退火   C. 去应力退火   D. 正火

43. 车细长轴时,跟刀架卡爪与工件的接触压力太小,或根本就没有接触到,这时车出的工件会出现(　　)。

    A. 竹节形   B. 麻花形   C. 频率振动   D. 弯曲变形

44. 因主轴渗碳工艺比较复杂,渗碳前最好绘制(　　)。

    A. 工艺草图   B. 局部剖视图   C. 局部放大图   D. 零件图

45. 粗珩磨孔时,磨条粒度一般为(　　)。

    A. F80～F100   B. F120～F140   C. F180～F240   D. F200～F260

46. 薄壁工件加工时刚性差,车刀的前角和后角应选(　　)。

    A. 大些   B. 小些   C. 负值   D. 零值

47. 滚压时,滚柱表面与工件表面之间形成有(　　)的圆锥半角,圆锥半角的作用是减少滚柱挤压时的接触面。

    A. 6°～8°   B. 3°～4°   C. 0.5°～1°   D. 0°～1°

48. 加工重要的箱体零件,为提高工件加工精度的稳定性,在粗加工后还需安排一次(　　)。

    A. 自然时效   B. 人工时效   C. 调质   D. 正火

49. 装夹畸形工件时,装夹压紧力作用位置应指向(　　)定位基准面,并尽可能与支承部分的接触面相对应。

    A. 主要   B. 次要   C. 导向   D. 止退

50. (　　)磨损一般是在切削脆性金属,或用较低的切削速度和较小的切削层厚度($h_D<0.7$mm)切削塑性材料的条件下发生。

    A. 前面   B. 后面   C. 前、后面同时   D. 以上都对

51. (　　)磨损一般是在用较高的切削速度和较大的切削层厚度($h_D>0.5$mm)的情况下切削塑性金属时发生。

    A. 前面   B. 后面

    C. 前、后面同时   D. 以上都对

52. 螺纹的综合测量应使用（　　）量具。

    A. 螺纹千分尺　　　　　　　　　B. 游标卡尺

    C. 螺纹量规　　　　　　　　　　D. 齿轮卡尺

53. 轴向直廓蜗杆在垂直于轴线的截面内,齿形是（　　）。

    A. 渐开线　　　　　　　　　　　B. 延长渐开线

    C. 螺旋线　　　　　　　　　　　D. 阿基米得螺旋线

54. 测量蜗杆分度圆直径比较精确的方法是（　　）。

    A. 单针测量法　　　　　　　　　B. 三针测量法

    C. 齿厚测量法　　　　　　　　　D. 间接测量法

55. 车削多头蜗杆时,要特别注意抓住（　　）两个重要的环节。

    A. 粗车和精车　　　　　　　　　B. 车刀的粗、精磨

    C. 调整机床和挂轮　　　　　　　D. 分线和测量

56. （　　）成形刀主要用于加工较大直径零件和外成形表面。

    A. 普通　　　　B. 菱形　　　　C. 圆形　　　　D. 复杂

57. 利用内排屑深孔钻加工深孔时,产生喇叭口的原因是（　　）。

    A. 衬套尺寸超差　　　　　　　　B. 进给量不正确

    C. 刃口太钝　　　　　　　　　　D. 切削液的类型

58. （　　）两主切削刃采用不对称、分段、交错排列的形式。

    A. 枪孔钻　　　　　　　　　　　B. 错齿内排屑钻

    C. 深孔浮动铰刀　　　　　　　　D. 深孔镗刀

59. 喷吸钻的几何形状与交错齿内排屑深孔钻基本相同,所不同的是在钻头（　　）钻有几个喷射切削液的小孔。

    A. 切削刃　　　　B. 棱边　　　　C. 颈部　　　　D. 柄部

60. 组合件加工时,应先车削（　　）,再根据装配关系的顺序,依次车削组合件中的其余零件。

    A. 锥体配合　　　B. 偏心配合　　　C. 基准零件　　　D. 螺纹配合

61. 加工组合件中基准零件时,影响零件间配合精度的尺寸应尽量加工至极限尺寸的（　　）。

    A. 中间值　　　B. 最小值　　　C. 最大值　　　D. 1/3 公差范围

62. 交错齿内排屑深孔钻顶角取 $2\kappa_r = 125° \sim 140°$,这样可使（　　）力减小,有利于导向块受力,减小钻头轴线走偏量。

    A. 主切削　　　B. 背向　　　C. 进给　　　D. 轴向

63. 在生产现场可用内径百分表在孔的圆周各方向上测量,测量结果的最大值与最小值（　　）即为圆度误差。

    A. 之差　　　B. 差的一半　　　C. 差的 2 倍　　　D. 和的一半

64. 利用水平仪不能检验零件的（　　）。

    A. 平面度　　　B. 直线度　　　C. 垂直度　　　D. 圆度

65. 车削细长轴时,工件受热弯曲产生的误差,属于工艺系统（　　）造成的。

    A. 几何误差   B. 受力变形

    C. 热变形   D. 工件内应力所引起的误差

66. 单刃内排屑深孔钻的刀尖偏离中心 3mm,使切削时工件中心形成定心尖,并抵消一部分（　　）力。

    A. 主切削   B. 背向

    C. 进给   D. 轴向

67. 使用锉刀修整成形面时,工件转速不宜（　　）。

    A. 高   B. 低   C. 中等   D. 任意

68. 车床的精度主要是指车床的（　　）和工作精度。

    A. 尺寸精度   B. 形状精度   C. 几何精度   D. 位置精度

69. 数控车床的控制核心是（　　）。

    A. 控制介质   B. 主机   C. 伺服机构   D. CNC 装置

70. 切削平面、基面和主截面三者间的关系总是（　　）。

    A. 相互垂直   B. 相互平行   C. 相互倾斜   D. 以上都不是

71. 将钻纯铜钻头的横刃斜角磨成（　　）,可使钻出的孔形光整无多角。

    A. 90°   B. 75°   C. 50°   D. 45°

72. 枪孔钻的切削部分重要特点是,它只在钻头轴线的边有（　　）。

    A. 横刃   B. 切削刃   C. 棱边   D. 横刃和棱刃

73. 产品寿命周期是指新产品研制成功后,从投入市场开始到被淘汰为止的这段时间,一般用销售数量年增长多少表示,分为投入期、成长期、成熟期和（　　）。

    A. 衰退期   B. 结束期   C. 衰亡期   D. 退出期

74. 在时间定额中,关于准备时间下列正确的一项是（　　）。

    A. 领取和熟悉产品图样和工艺规程的时间

    B. 装夹毛坯的时间

    C. 卸下完工工件的时间

    D. 清除切屑时间

75. 某电视机厂 10 月份生产电视机 4000 台,月平均工人数为 100 人,试问该厂的劳动生产率是（　　）。

    A. 40 台/人   B. 40 人/台

    C. 4000 台/人   D. 20 台/人

76. 在充满液体介质的工具电极和工件之间的（　　）间隙上施加脉冲电压,加工工件为电火花加工。

    A. 很大   B. 很小   C. 中等大小   D. 任意大小

77. 激光加工时,必须通过光学系统把激光束聚焦成直径（　　）的光斑,使其产生 10000℃ 以上的高温加工工件。

    A. 几微米或几十微米   B. 几毫米或几十毫米

C. 几厘米或几十厘米   D. 任意大小

78. 超声波加工用的超声波频率为( )kHz。

    A. 5～15   B. 10～15   C. 16～25   D. 20～30

79. 缩短基本时间方法正确的是( )。

    A. 缩短工件装夹时间   B. 提高切削用量

    C. 缩短工件测量时间   D. 减少回转刀架及装夹车刀时间

80. 选为精基准的表面应安排在( )工序进行。

    A. 起始   B. 中间   C. 最后   D. 任意

二、**判断题**(第81～100题。将判断结果填入括号中,正确的填"√",错误的填"×"。每题1分,满分20分)

81. 液压泵按工作压力的高低分类可分为低压泵、中压泵、高压泵。   ( )

82. 采用液控单向阀的闭锁回路比采用换向阀的闭锁回路的锁紧效果好。 ( )

83. 采用行程阀的顺序动作回路工作比较可靠,但改变动作顺序较困难。 ( )

84. 在电气控制原理图中,各电器的触头均按电路不通电或不受外力作用时的常态位置画出。   ( )

85. 若电动机在缺相情况下启动、运行,则会导致电流过大而烧坏电动机。 ( )

86. 压印在三角带外表面上的标准长度也就是三角带的内周长。   ( )

87. 自动车床的走刀机构多采用了凸轮机构。   ( )

88. 弹簧是依靠机械能而做功的常用机械零件。   ( )

89. 使用两顶尖装夹偏心类工件,当偏心距较小时,主、偏顶尖孔之间很容易发生干涉。   ( )

90. 在定位方案的选取上过定位的方案是被完全禁止采用的。   ( )

91. 夹紧机构的制造误差、间隙及磨损,也会造成工件的基准位移误差。 ( )

92. 当薄壁零件径向和轴向刚性都较差时,应保证夹紧力的方向与切削力的方向一致。   ( )

93. 对高精度(5～6级)丝杠的螺距,一般用专用样板检验。   ( )

94. 深孔钻削的排屑方式有内排屑和外排屑两种。   ( )

95. 车削组合件时,保证组合件中各零件的加工质量,可保证组合件的装配精度要求。   ( )

96. 铜合金材料车削时一般不加注切削液。   ( )

97. 数控车床有绝对值编程和增量值编程两种编程方法。   ( )

98. 车刀切削部分的硬度必须大于材料的硬度。   ( )

99. 制定劳动定额总的要求是:定额水平要先进合理,既要考虑到已经达到的水平,又要考虑到在已达到的实际水平的基础上有所提高。   ( )

100. 防止事故再发生的有力措施是"三不放过",即事故原因未查清不放过,没有预防措施或措施不落实不放过,事故责任者和工人群众未接受教训不放过。   ( )

三、实操模拟试题

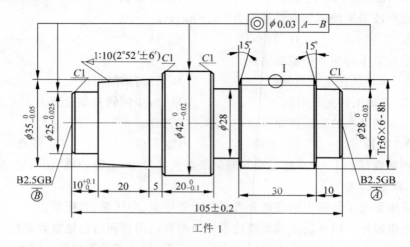

工件 1

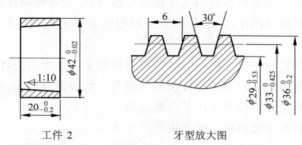

工件 2 　　　　　　　　牙型放大图

技术要求：
1. $\phi25_{-0.025}^{0}$mm、$\phi35_{-0.05}^{0}$mm、$\phi42_{-0.02}^{0}$mm、$\phi28_{-0.03}^{0}$mm 圆柱面及螺纹两侧 $Ra3.2\mu$m，其余 $Ra6.3\mu$m。
2. 未注倒角 $C0.5$。
3. 不允许使用油石、砂布、锉刀抛光工件。
4. 锥面研配接触面为80%以上。
5. 时间：180min。

实操试题加工步骤如下：

（1）夹住毛坯，粗、精车工件 2 $\phi42_{-0.02}^{0}$mm 外圆至尺寸要求，并加工倒角。

（2）切断，留 0.5mm 余量。

（3）更换工件，夹住工件 1 毛坯，伸出约 60mm 长，车端面，打中心孔。

（4）顶住中心孔，粗车 Tr36×6 外圆、$\phi28_{-0.03}^{0}$mm 外圆，留 2mm 余量，保好长度。

（5）调头夹住 Tr36×6 外圆，车端面，保证总长 105mm±0.2mm 至尺寸要求，打中心孔。

（6）粗、精车 $\phi42_{-0.02}^{0}$mm 外圆、$\phi35_{-0.05}^{0}$mm 外圆、$\phi25_{-0.025}^{0}$mm 外圆至尺寸要求。

（7）调 1：10 锥度，粗、精车工件 1 左端外圆锥面，加工左端倒角。

（8）更换工件，夹住工件 2 $\phi42_{-0.02}^{0}$mm 外圆（垫铜皮），车端面，保证总长 20mm 至尺寸要求，并加工倒角。

（9）用 $\phi30$mm 的钻头钻通孔，粗、精车工件 2 1：10 内锥面，与工件 1 锥面配作，并保

证配合长度 $5^{+0.3}_{0}$ mm。

（10）更换工件，夹住工件 1 $\phi 42^{0}_{-0.02}$ mm 外圆（垫铜皮），顶住中心孔，精车 Tr36×6 外圆、$\phi 28^{0}_{-0.03}$ mm 外圆至尺寸要求，切 $\phi 28$ mm 的槽，加工右端倒角。

（11）粗、精车 Tr36×6 梯形螺纹。

技能训练评价

课题名称	高级车工技能训练		课题开展时间		指导教师	
学生姓名		分组组号				
考核内容	考核要求			配分	评分标准	得分
理论考核	闭卷			每题1分	正确得分	
实操件1	长度尺寸	105mm±0.2mm		3	超差全扣	
		$10^{+0.1}_{0}$ mm		3	超差全扣	
		$20^{0}_{-0.1}$ mm		3	超差全扣	
		20mm		2	超差全扣	
		5mm、30mm		4	超差全扣	
	外圆尺寸	$\phi 25^{0}_{-0.025}$ mm		4	超差全扣	
		$\phi 35^{0}_{-0.05}$ mm		3	超差全扣	
		$\phi 42^{0}_{-0.02}$ mm		4	超差全扣	
		$\phi 28$ mm		3	超差全扣	
		$\phi 28^{0}_{-0.03}$ mm		4	超差全扣	
	螺纹	$\phi 36^{0}_{-0.2}$ mm		3	超差全扣	
		$\phi 33^{0}_{-0.425}$ mm		6	超差全扣	
		$\phi 29^{0}_{-0.53}$ mm		3	超差全扣	
		牙型角30°		3	超差全扣	
	锥度	2°51′±6′		6	超差全扣	
实操件2	长度尺寸	$20^{0}_{-0.2}$ mm		4	超差全扣	
	外圆尺寸	$\phi 42^{0}_{-0.02}$ mm		6	超差全扣	
其他	粗糙度	Ra3.2μm　8处		8	超差全扣	
		Ra6.3μm　8处		4	超差全扣	
	形位公差	◎ $\phi 0.03$ A—B　4处		8	超差全扣	
配合		倒角（5处）、倒棱、15°		4	超差全扣	
		1:10研合面（80%）		6	不合格不得分	
		内外锥套配合 $5^{+0.3}_{0}$ mm		6	不合格不得分	
安全文明生产	遵守操作规程：违反安全文明生产规程酌情扣分；出现事故得零分					
梯形螺纹轴、套	开始时间		停工时间		结束时间	总用时
考评员						
检测员						

附录 A　普通螺纹基本尺寸（部分）

公称直径 D，d			螺距 P	中径 D_2 或 d_2	小径 D_1 或 d_1
第一系列	第二系列	第三系列			
1			0.25	0.838	0.729
			0.2	0.870	0.783
	1.1		0.25	0.938	0.829
			0.2	0.970	0.883
1.2			0.25	1.038	0.929
			0.2	1.070	0.983
	1.4		0.3	1.205	1.075
			0.2	1.270	1.183
1.6			0.35	1.373	1.221
			0.2	1.470	1.383
	1.8		0.35	1.573	1.421
			0.2	1.670	1.583
2			0.4	1.740	1.567
			0.25	1.838	1.729
	2.2		0.45	1.908	1.713
			0.25	2.038	1.929
2.5			0.45	2.208	2.013
			0.35	2.273	2.121
3			0.5	2.675	2.459
			0.35	2.773	2.621
	3.5		(0.6)	3.110	2.850
			0.35	3.273	3.121
4			0.7	3.545	3.242
			0.5	3.675	3.459
	4.5		(0.75)	4.013	3.688
			0.5	4.175	3.959
5			0.8	4.480	4.134
			0.5	4.675	4.459
		5.5	0.5	5.175	4.959
6			1	5.350	4.917
			0.75	5.513	5.188
			(0.5)	5.675	5.459
		7	1	6.350	5.917
			0.75	6.513	6.188
			(0.5)	6.675	6.459

公称直径 D,d			螺距 P	中径 D_2 或 d_2	小径 D_1 或 d_1
第一系列	第二系列	第三系列			
8			1.25	7.188	6.647
			1	7.350	6.917
			0.75	7.513	7.188
			(0.5)	7.675	7.459
		9	(1.25)	8.188	7.647
			1	8.350	7.917
			0.75	8.513	8.188
			(0.5)	8.675	8.459
10			1.5	9.026	8.376
			1.25	9.188	8.647
			1	9.350	8.917
			0.75	9.513	9.188
			(0.5)	9.675	9.459
		11	(1.5)	10.026	9.376
			1	10.350	9.917
			0.75	10.513	10.188
			(0.5)	10.675	10.459
12			1.75	10.863	10.106
			1.5	11.026	10.376
			1.25	11.188	10.647
			1	11.350	10.917
			(0.75)	11.513	11.188
			(0.5)	11.675.	11.459
	14		2	12.701	11.835
			1.5	13.026	12.376
			(1.25)	13.188	12.647
			1	13.350	12.917
			(0.75)	13.513	13.188
			(0.5)	13.675	13.459
		15	1.5	14.026	13.376
			(1)	14.350	13.917
16			2	14.701	13.835
			1.5	15.026	14.376
			1	15.350	14.917
			(0.75)	15.513	15.188
			(0.5)	15.675	15.459
		17	1.5	16.026	15.376
			(1)	16.350	15.917

附录 A 普通螺纹基本尺寸(部分)

公称直径 D,d			螺距 P	中径 D_2 或 d_2	小径 D_1 或 d_1
第一系列	第二系列	第三系列			
	18		2.5	16.376	15.294
			2	16.701	15.835
			1.5	17.026	16.376
			1	17.350	16.917
			(0.75)	17.513	17.188
			(0.5)	17.675	17.459
20			2.5	18.376	17.294
			2	18.701	17.835
			1.5	19.026	18.376
			1	19.350	18.917
			(0.75)	19.513	19.188
			(0.5)	19.675	19.459
	22		2.5	20.376	19.294
			2	20.701	19.835
			1.5	21.026	20.376
			1	21.350	20.917
			(0.75)	21.513	21.188
			(0.5)	21.675	21.459
24			3	22.051	20.752
			2	22.701	21.835
			1.5	23.026	22.376
			1	23.350	22.917
			(0.75)	23.513	23.188
		25	2	23.701	22.835
			1.5	24.026	23.376
			(1)	24.350	23.917
		26	1.5	25.026	24.376
	27		3	25.051	23.752
			2	25.701	24.835
			1.5	26.026	25.376
			1	26.350	25.917
			(0.75)	26.513	26.188
		28	2	26.701	25.835
			1.5	27.026	26.376
			1	27.350	26.917

公称直径 D, d			螺距 P	中径 D_2 或 d_2	小径 D_1 或 d_1
第一系列	第二系列	第三系列			
30			3.5	27.727	26.211
			(3)	28.051	26.756
			2	28.701	27.835
			1.5	29.026	28.376
			1	29.350	28.917
			(0.75)	29.513	29.188
		32	2	30.701	29.835
			1.5	31.026	30.376
	33		3.5	30.727	29.211
			(3)	31.051	29.752
			2	31.701	30.835
			1.5	32.026	31.376
			(1)	32.350	31.917
			(0.75)	32.513	32.188
		35	1.5	34.026	33.376
36			4	33.402	31.670
			3	37.051	32.752
			2	34.701	33.835
			1.5	35.026	34.376
			(1)	35.350	34.917
		38	1.5	37.026	36.376
	39		4	36.402	34.670
			3	37.051	35.752
			2	37.701	36.835
			1.5	38.026	37.376
			(1)	38.350	37.917
		40	(3)	38.051	36.752
			(2)	38.701	37.835
			1.5	39.026	38.376
42			4.5	39.077	37.129
			(4)	39.402	37.670
			3	40.051	38.752
			2	40.701	39.835
			1.5	41.026	40.376
			(1)	41.350	40.917

175

附录A　普通螺纹基本尺寸(部分)

车工技能与训练

公称直径 D,d			螺距 P	中径 D_2 或 d_2	小径 D_1 或 d_1
第一系列	第二系列	第三系列			
	45		4.5	42.077	40.129
			(4)	42.402	40.670
			3	43.051	41.752
			2	43.701	42.835
			1.5	44.026	43.376
			(1)	44.350	43.917
	48		5	44.752	42.587
			(4)	45.402	43.670
			3	46.051	44.752
			2	46.701	45.835
			1.5	47.026	46.376
			(1)	47.350	46.917
		50	(3)	48.051	46.752
			(2)	48.701	47.835
			1.5	49.026	48.376
	52		5	48.752	46.587
			(4)	49.402	47.670
			3	50.051	48.752
			2	50.701	49.835
			1.5	51.026	50.376
			(1)	51.350	50.917
		55	(4)	52.402	50.670
			(3)	53.051	51.752
			2	53.701	52.835
			1.5	54.026	53.376
56			5.5	52.428	50.046
			4	53.402	51.670
			3	54.051	52.7552
			2	54.701	53.835
			1.5	55.026	54.376
			(1)	55.350	54.917
		58	(4)	55.402	53.670
			(3)	56.051	54.752
			2	56.701	55.835
			1.5	57.026	56.376

公称直径 D, d			螺距 P	中径 D_2 或 d_2	小径 D_1 或 d_1
第一系列	第二系列	第三系列			
	60		(5.5)	56.428	54.046
			4	57.402	55.670
			3	58.051	56.752
			2	58.701	57.835
			1.5	59.026	58.376
			(1)	59.350	58.917
		62	(4)	59.402	57.670
			(3)	60.051	58.752
			2	60.701	59.835
			1.5	61.026	60.376
64			6	60.103	57.505
			4	61.402	59.670
			3	62.051	60.752
			2	62.701	61.835
			1.5	63.026	62.376
			(1)	63.350	62.917

177

附录 A 普通螺纹基本尺寸(部分)

附录 B 参 考 答 案

初级车工理论知识复习题参考答案

1. A 2. B 3. D 4. B 5. C 6. D 7. A 8. A 9. D 10. B
11. B 12. B 13. A 14. B 15. B 16. C 17. B 18. D 19. B 20. A
21. A 22. D 23. A 24. B 25. B 26. A 27. A 28. A 29. D 30. A
31. B 32. B 33. A 34. A 35. A 36. C 37. B 38. B 39. B 40. B
41. B 42. A 43. B 44. C 45. A 46. A 47. A 48. C 49. C 50. D
51. C 52. C 53. A 54. C 55. C 56. B 57. A 58. B 59. C 60. A
61. A 62. A 63. C 64. A 65. B 66. A 67. A 68. A 69. B 70. A
71. D 72. A 73. A 74. A 75. B 76. C 77. A 78. B 79. A 80. A
81. × 82. √ 83. × 84. √ 85. √ 86. √ 87. √ 88. × 89. √ 90. √
91. √ 92. × 93. √ 94. × 95. √ 96. × 97. √ 98. × 99. √ 100. √

中级车工理论知识复习题参考答案

1. D 2. A 3. D 4. A 5. B 6. C 7. B 8. B 9. A 10. C
11. C 12. C 13. B 14. A 15. A 16. C 17. D 18. A 19. C 20. A
21. A 22. C 23. A 24. C 25. D 26. C 27. C 28. A 29. B 30. B
31. D 32. D 33. C 34. B 35. B 36. B 37. D 38. B 39. B 40. A
41. A 42. B 43. D 44. D 45. D 46. D 47. D 48. D 49. A 50. C
51. D 52. A 53. C 54. A 55. D 56. D 57. B 58. C 59. B 60. D
61. B 62. B 63. D 64. B 65. A 66. D 67. C 68. B 69. B 70. C
71. A 72. B 73. A 74. B 75. B 76. A 77. A 78. A 79. C 80. A
81. × 82. √ 83. √ 84. × 85. √ 86. × 87. × 88. × 89. √ 90. ×
91. √ 92. √ 93. √ 94. × 95. √ 96. √ 97. √ 98. × 99. × 100. ×

高级车工理论知识复习题参考答案

1. B 2. B 3. B 4. C 5. C 6. A 7. C 8. D 9. A 10. B
11. A 12. B 13. C 14. B 15. A 16. B 17. D 18. C 19. A 20. D
21. D 22. B 23. A 24. B 25. B 26. A 27. C 28. B 29. C 30. D
31. C 32. C 33. D 34. B 35. D 36. C 37. A 38. C 39. D 40. C
41. A 42. C 43. D 44. A 45. A 46. A 47. C 48. B 49. A 50. B
51. A 52. C 53. D 54. B 55. D 56. B 57. A 58. B 59. C 60. C
61. A 62. B 63. B 64. D 65. C 66. A 67. A 68. C 69. D 70. A
71. A 72. B 73. A 74. D 75. A 76. B 77. A 78. C 79. B 80. A
81. × 82. √ 83. √ 84. √ 85. √ 86. √ 87. √ 88. √ 89. √ 90. ×
91. √ 92. √ 93. × 94. √ 95. × 96. √ 97. × 98. √ 99. √ 100. √

参 考 文 献

[1] 蒋增福.车工工艺与技能训练(第 2 版)[M].北京:高等教育出版社,2004

[2] 人力资源和社会保障部教材办公室.车工工艺与技能[M].北京:中国劳动社会保障出版社,2010

[3] 叶云良,张习格,孙强.车工(初、中级)国家职业资格证书取证问答[M].北京:机械工业出版社,2006